DES EAUX

RELATIVEMENT A L'AGRIGULTURE

L'agriculture, base de la puissance et de la prospérité des États, est l'occupation la plus honorable et la plus utile, et la meilleure garantie des bonnes mœurs et du bonheur des familles ;

Ses perfectionnements économiques sont les sources de fortune les plus louables et les plus sûres.

———

La pratique des arts mécaniques renferme plus de vraie philosophie que les systèmes, les hypothèses et les spéculations des philosophes.

Lоскᴇ.

Imprimerie de CLAYE et Cᵉ, successeurs de H. FOURNIER,
7, rue Saint-Benoît.

DES EAUX
RELATIVEMENT A L'AGRICULTURE

TRAITÉ PRATIQUE

DES MOYENS DE REMÉDIER AUX DOMMAGES CAUSÉS PAR LES EAUX
DES DIVERS PROCÉDÉS D'IRRIGATION ET DE LIMONAGE
ET DE L'ÉTABLISSEMENT DES RÉSERVOIRS ET DES ÉTANGS

AVEC 84 FIGURES

Par A.-R. POLONCEAU

Officier de la Légion d'honneur, Inspecteur divisionnaire des Ponts-et-Chaussées, en retraite,
L'un des fondateurs de l'Institution agronomique de Grignon,
Membre associé de la Société royale et centrale d'Agriculture,
Membre honoraire de la Société d'Agriculture et des Arts de Seine-et-Oise,
Et membre correspondant de la Société libre d'émulation du Doubs.

PARIS

LIBRAIRIE SCIENTIFIQUE-INDUSTRIELLE

DE **L. Mathias** (AUGUSTIN)

QUAI MALAQUAIS, 15

1846

TABLE DES MATIÈRES.

TABLE DES MATIÈRES.

DÉDIÉ

A MONSIEUR CUNIN-GRIDAINE

Ministre de l'Agriculture et du Commerce

EN MÉMOIRE DE LA LOI SUR LES IRRIGATIONS

ET DANS L'ATTENTE DES COMPLÉMENTS
QUI DEVRONT ASSURER ET GÉNÉRALISER LES APPLICATIONS
DE CETTE LOI

CONSIDÉRATIONS GÉNÉRALES

SUR

L'AMÉNAGEMENT DES EAUX

EN AGRICULTURE,

ET SUR L'UTILITÉ DES IRRIGATIONS.

L'une des branches les plus importantes de l'agriculture est celle qui comprend l'aménagement des eaux et leurs divers emplois, et c'est, malheureusement, la moins avancée de toutes celles dont se compose l'art agricole.

L'aménagement consiste dans les travaux à faire pour garantir les propriétés des dommages que leur fait éprouver l'action nuisible des eaux, et pour bien employer celles qui peuvent l'être utilement.

Les eaux peuvent nuire aux propriétés par leur nature, qu'il s'agit alors de corriger; par leur stagnation dans le sol ou sur le sous-sol; par la submersion des terrains en culture, qui résulte des débordements, et par les corrosions que déterminent les mauvaises directions des courants.

Nous indiquerons les mesures à prendre et les travaux nécessaires pour remédier à ces fâcheux effets ; puis nous décrirons les meilleurs procédés à suivre pour recueillir et diriger les eaux qui peuvent être employées avec avantage à des irrigations et à des limonages, pour féconder les prairies, les champs, les bois, et même les terrains en friche, soit pour les reboiser, soit pour en faire de bons pâturages.

Les irrigations produisent des effets différents, selon la nature des eaux et suivant le mode d'emploi.

Les eaux qui sont presque pures, comme les eaux de source et les eaux pluviales, servent à abreuver les plantes et à faciliter leur nutrition, par la dissolution des engrais que renferme le sol, et en servant de véhicule aux parties les plus fines des terres et des substances minérales dont il se compose.

Pour bien juger l'utilité de cette action, il suffit de remarquer que les terres les plus fertiles et les meilleurs engrais sont entièrement stériles quand ils sont secs, et qu'il faut nécessairement que les substances dont se nourrissent les végétaux, soient dissoutes par l'eau, ou entraînées par elle à un état de ténuité extrême, pour que les plantes puissent les absorber et se les assimiler; et qu'en outre, l'humidité est indispensable pour la circulation de la sève.

Pour développer une végétation riche et abondante, et pour favoriser la fécondation, il faut le concours de l'humidité et de la chaleur, et il arrive souvent que l'eau manque précisément pendant les grandes chaleurs, c'est-à-dire aux époques où elle produirait les plus puissants effets.

Les eaux qui ont parcouru de certaines étendues de terrain sont plus favorables à la végétation que les eaux pures, comme les eaux de source et les eaux pluviales, parce que, dans leur trajet, elles se chargent de limons fins et elles dissolvent les mucilages que produisent les matières végétales et animales en décomposition.

L'art des irrigations consiste surtout à recueillir les eaux pluviales qui s'écoulent sur les pentes des coteaux, et à dériver celles des ruisseaux et des rivières qui se sont enrichies en descendant des lieux élevés, et, ensuite, à les diriger avec intelligence pour les répandre par nappes sur les

prairies, ou pour les retenir dans des rigoles horizontales afin de les faire pénétrer par infiltration
dans les terrains cultivés à la charrue, où tout
écoulement serait nuisible, ou bien dans ceux
dont les pentes les laisseraient descendre trop
rapidement.

En voyant les accroissements de produits si
considérables et bien constatés, qui résultent de
l'emploi des eaux en irrigations, même quelquefois avec des procédés imparfaits, dans la Lombardie, dans les Pyrénées, en Suisse et en France,
dans les Vosges et sur quelques parties des rives
de la Moselle, du Rhône et de la Durance, on est
affligé de voir que, dans tant d'autres contrées où
il serait facile d'obtenir, souvent à peu de frais,
des résultats semblables, et de plus grands encore
par des méthodes perfectionnées, on laisse écouler
sans emploi des eaux qui pourraient les féconder,
et perdre d'aussi grandes sources de richesses
pour les particuliers et pour l'État (1).

Ce n'est pas par millions, mais par centaines

(1) Pour prouver combien les irrigations et les améliorations de
l'agriculture qui en sont la conséquence, peuvent augmenter les
récoltes de toute nature, il suffit de comparer les résultats de la
culture anglaise qui par ses nombreuses prairies bien arrosées se
procure de grandes masses de fourrages et d'engrais, aux résul-

de millions qu'il faudrait compter les augmenta-
tions de revenus que le bon emploi des eaux procurerait, par l'accroissement des récoltes en fourrages, en céréales, en plantes sarclées, et par la
multiplication des animaux de boucherie (1).

Il est facile de juger de l'influence qu'un tel

tats de la culture française, d'après le relevé statistique de M. Ca-
tineau-La-Roche.

« En France, 6 millions d'hectares de terres à blés ne rendent
« que 69 millions d'hectolitres de grains. En Angleterre 2 millions
« seulement d'hectares des mêmes terrains produisent 39 millions
« d'hectolitres. »

Les terres de la France fumées et cultivées comme celles de
l'Angleterre, rendraient 38 millions d'hectolitres de plus qu'elles
n'en produisent maintenant.

« Avec un territoire moins étendu de moitié environ, l'Angle-
« terre nourrit 16,800,000 têtes de gros bétail et 57 millions de
« moutons, tandis qu'en France il n'y a que 9,800,000 bêtes à
« cornes, et 41 millions de bêtes à laine. »

En perfectionnant son agriculture, et surtout en généralisant les
irrigations, la France pourrait nourrir 22 millions de têtes de gros
bétail et 114 millions de moutons, et ce bétail fournirait à ses
champs plus du double de l'engrais qu'ils reçoivent actuellement.

En outre, il y a en France 3,535,000 hectares de simples pâturages, et 3,480,000 hectares de terres vagues, friches et bruyères,
dont plus de la moitié pourrait être arrosée, si ce n'est par des
courants d'eau, au moins par des eaux pluviales retenues et distribuées, au moyen de larges rigoles d'infiltration et qui alors donneraient des produits assurés, soit en prairies, soit en pâturages, ou
qui pourraient alors être reboisés avec succès, car sans irrigations
les tentatives de reboisement sur les friches en pente ne donneront aucun bon résultat.

(1) On lit dans le rapport fait l'année dernière à la chambre des
députés par M. le ministre de l'agriculture et du commerce, lors de
la présentation de la loi sur les irrigations.

«En Provence, sur la Crau, dans ce désert pavé de galets, l'hec-

résultat exercerait sur le bien-être de toutes les classes, ainsi que sur la fortune et sur la puissance de l'État.

La preuve de cette assertion ressort de l'enchaînement logique des conséquences infaillibles, en augmentation de produits, que procureraient des irrigations généralisées.

« tare arrosé se vend 4,000 fr. Dans les Vosges, les gravières sans « végétation de la Moselle, et, par conséquent, sans valeur ont « acquis par l'irrigation une valeur de 5,000 fr. par hectare ; à Au- « tun, des terres valant à peine il y a cinq ans 900 francs, se ven- « draient, aujourd'hui qu'elles reçoivent les bienfaits de l'irriga- « tion, au moins 5,000 francs.

« En Bretagne enfin, grâce à la haute science de M. Rieffel, l'hec- « tare de landes qu'on aurait payé trop cher à 300 francs, il y a « quelques années, trouverait facilement aujourd'hui qu'il est ir- « rigué, des acheteurs à 3,000 francs. »

M. le comte de Gasparin, pair de France, auteur d'un excellent Traité d'agriculture dont les premiers volumes font vivement désirer la suite, et l'un des partisans les plus prononcés et les plus éclairés des irrigations, après avoir cité l'exemple de Cavaillon, situé au bord de la Durance (où l'on arrose les céréales et les plantes sarclées), dans un rapport en date du 21 janvier 1844, à la Société centrale d'agriculture dont il était alors président, a fait connaître les faits suivants :

« Les blés immergés pour la troisième fois avaient atteint la « hauteur de 1^m 60 quand les autres épiaient à 60 centimètres. Ces « blés ont rendu vingt fois la semence, tandis que les autres « champs de la même contrée non arrosés, n'ont produit que cinq. « En outre, à Cavaillon on tire encore des mêmes terres arrosées « une récolte abondante de haricots, dont la valeur égale celle du « blé ; ainsi on y obtient une quantité de substances alimentaires, « huit fois plus grande, que sur la même étendue de terrain sans « irrigations. »

Il ajoute plus loin, dans le même rapport : « Dans nos contrées

En effet, pour qu'un état soit riche et puissant, il faut que sa population soit nombreuse et avancée en civilisation, c'est-à-dire en instruction et en moralité ; il faut que le peuple, assuré de son existence, puisse recevoir une éducation convenable et se procurer quelques jouissances de bien-être.

La population et la moralisation d'un pays

« du **Midi**, l'irrigation rend productives les terres les plus sèches, « et même les plus graveleuses, qui sans elle seraient sans pro-« duits. »

On lit dans un rapport adressé en 1835 à la Société royale d'agriculture, par **M. Auguste de Gasparin**, frère puîné du précédent et agronome distingué, les citations suivantes :

« A **Orange**, la partie du territoire soumise aux irrigations « donne des prairies que l'on fauche trois et quatre fois et qui s'af-« ferment jusqu'à 850 francs l'hectare ; un tiers environ de cette « somme passe aux frais de culture.

« A **Avignon**, les eaux de la Sorgue, employées en irrigations, « ont triplé la valeur des terrains déjà féconds qui entourent la « ville.

« A **Vaison** et à **Malaucène**, l'arrosage a fait élever le prix d'un « grand nombre de terrains naturellement inférieurs, à 12 et 14 « mille francs l'hectare.

« A **Cavaillon** où l'on tire du terrain des produits si variés, et « où le blé donne par l'irrigation les plus grandes richesses, l'eau « de la Durance a en plusieurs lieux décuplé la valeur du sol. Des « garigues (friches), qui valaient à peine 500 francs l'hectare, se « vendent aujourd'hui 5,000 francs.

« A **Sorgue**, une lande stérile qui affligeait l'œil du voyageur, a « centuplé de prix.

« A **Carromb**, des irrigations remarquables sont faites avec le « produit d'une petite source, dont les eaux sont accumulées en « hiver dans un réservoir qu'a fait établir un évêque de Car-« pentras. »

suivent ordinairement la progression de l'aisance dans les classes moyennes et inférieures ; et, pour que l'aisance soit générale, il est nécessaire qu'il y ait beaucoup de travail et que la vie soit facile. Enfin, pour satisfaire à ces deux conditions, il faut d'abord un grand emploi de main-d'œuvre, et, en outre, que le prix des aliments soit modéré.

Le meilleur moyen d'augmenter la quantité de main-d'œuvre consiste dans les perfectionnements de la culture, et dans l'abondance des récoltes qui en est la conséquence.

Pour qu'il y ait abondance, et par suite réduction dans les prix des céréales et des racines qui servent à la nourriture de l'homme, il faut beaucoup d'engrais ; or, pour qu'il y ait beaucoup d'engrais, et pour que la viande soit en même temps à bas prix, il faut récolter beaucoup de fourrages.

Pour accroître la récolte des fourrages, des céréales et des racines comestibles, il faut multiplier et généraliser les irrigations et les limonages sur les prairies, sur les champs et sur les terrains incultes.

Le bas prix des denrées, qui serait la conséquence de leur abondance, permettrait de réduire le prix de la main-d'œuvre, sans que les travailleurs en souffrissent, et cet abaissement serait également favorable à la culture et aux établissements industriels.

L'aisance répandue dans le peuple lui permettrait de se bien nourrir, de se bien vêtir et de se procurer des jouissances de bien-être. L'accroissement de population et de consommation qu'elle amènerait donnerait de nouveaux et très-grands débouchés aux produits des fabriques et des manufactures. En outre, la faculté d'acquérir multiplierait les transactions, et ces deux causes réunies élèveraient nécessairement le rendement des impôts, qui, cependant, se paieraient alors facilement et sans murmure.

Les revenus publics s'élevant de beaucoup, le gouvernement pourrait rendre plus générale l'éducation, c'est-à-dire l'instruction et la moralisation du peuple, et par là réduire les délits et la misère, qui ont la plupart du temps leurs sources dans l'ignorance et l'immoralité.

C'est donc avec raison que nous disons que le bon emploi des eaux improductives aujourd'hui, et la généralisation de cet emploi, sont l'un des meilleurs et des plus sûrs moyens d'aider à l'amélioration de l'ordre social, en ce sens qu'ils doivent contribuer à accroître le bien-être général, et en même temps la prospérité et la richesse de l'État. Nous ajouterons que les avantages qui en reviendraient à toutes les classes seraient un gage certain de sécurité publique et de stabilité pour le gouvernement, parce que quand un peuple est heureux les désirs de changements sont moins à craindre (1).

Ces vérités sont évidentes, et cependant le gouvernement ne leur accorde pas l'intérêt qu'elles méritent, et bien peu de personnes s'occupent de les appliquer, sans doute parce qu'on n'en a pas encore senti toute l'importance. Pour nous, nous nous efforcerons, dans la mesure de nos forces, d'appeler l'attention publique sur la possibilité et sur la facilité de les réaliser.

Un mérite spécial, de ce genre d'amélioration, est d'exiger peu de dépenses, comparativement aux bénéfices qu'elles procurent, et surtout de rembourser les avances plus promptement

(1) Cette assertion, que l'on pourrait regarder comme une utopie, est prouvée formellement par la déclaration suivante de Robert Peel, au parlement anglais, dans la séance du 22 janvier. « Quant « aux séditions, la charge du procureur est devenue une sinécure, « non que le gouvernement ait montré plus de mansuétude, mais « parce que le peuple est plus content et plus heureux. »

que dans aucun autre perfectionnement agronomique.

En général, le plus grand obstacle aux perfectionnements proposés par les agronomes et par
les sociétés d'agriculture consiste dans les avances
de fonds qu'ils exigent, attendu que, dans la culture, les rentrées étant nécessairement lentes, les
intérêts accumulés des fonds déboursés augmentent fortement les charges, et que la grande majorité des propriétaires et des cultivateurs ne peut
faire beaucoup d'avances, ni en attendre longtemps le remboursement. D'où il suit que, quand
bien même on procurerait à l'agriculture des
capitaux abondants, à un intérêt modéré, peu
de personnes pourraient profiter pour la plupart
des améliorations recommandées par de savants
agronomes, parce qu'il est rare qu'elles puissent
rendre assez promptement des bénéfices équiva-
lents aux intérêts et à l'amortissement des capitaux qu'elles demandent.

C'est la raison pour laquelle l'application de
beaucoup de perfectionnements, alors même
qu'ils sont certains et constatés, se répand si lentement. Quant à cette lenteur même, si regret-

table qu'elle soit, on peut conclure des considérations qui précèdent que l'insuffisance des capitaux n'en est pas la cause principale, comme beaucoup de personnes le pensent, et que leur abondance ne serait pas un remède bien efficace pour l'agriculture.

Dans cette industrie, comme dans beaucoup d'autres, les améliorations ne méritent d'être adoptées qu'autant que les bénéfices peuvent être suffisants, et assez prompts pour couvrir les intérêts annuels des avances et pour les amortir en peu de temps. Il est donc juste et naturel que les cultivateurs n'admettent que les progrès qui satisfont à ces conditions. Il est vrai de dire qu'il y en a peu qui soient dans ce cas, et c'est parce que les irrigations sont de ce petit nombre que nous insistons sur leur emploi.

Si, malgré les progrès très-réels qu'elle a faits dans quelques-unes de ses branches, en adoptant des procédés supérieurs aux anciennes pratiques, si malgré l'augmentation, depuis un demi-siècle, des capitaux qu'on lui consacre, l'agriculture est encore regardée comme une industrie peu profitable, cela ne vient pas tant de l'ignorance ou de la routine, comme on l'a souvent répété, que d'une erreur grave que l'on a commise dans les améliorations tentées.

En effet, la science mise à l'œuvre a donné de beaux résultats ; mais presque toujours ils ont été chèrement acquis par de grands sacrifices, en sorte que, la plupart du temps, ses exemples sont restés inapplicables dans la culture économique, qui est la bonne et la seule véritablement utile.

L'erreur, que nous considérons comme la véritable cause de la modicité des bénéfices obtenus, et par suite de la lenteur des progrès, consiste en ce que l'on s'est beaucoup plus occupé de perfectionnements dans les opérations qui exigent beaucoup de main-d'œuvre et d'avances, telles que les *cultures* des *céréales*, des *plantes sarclées*, et même des *prairies artificielles*, que de la multiplication et du progrès des irrigations et des limonages, dans lesquels la nature fait gratuitement beaucoup plus pour la production que la main de l'homme, et qui donne la plus grande somme de PRODUITS NETS, comparativement aux dépenses (1).

____

(1) Cette vérité importante a déjà été signalée par notre excellent ami, M. Briaune, agriculteur très-distingué, dans le cours

La puissance de l'homme ne peut jamais aller jusqu'à changer les lois naturelles et physiques qui doivent toujours s'accomplir; mais il peut, avec de l'art et du travail, faire en sorte que leur action ne lui soit pas nuisible et qu'elle lui devienne profitable. Pour y réussir il doit se garder de les contrarier, et se borner à les diriger dans le sens qui convient à ses intérêts.

Partant de ce principe, qui est incontestable, ce qui importe le plus en agriculture pour obtenir de notables bénéfices, c'est de travailler *dans le sens de la nature*, c'est-à-dire d'appliquer le plus possible le travail de l'homme simplement à seconder, dans leur action, les agents naturels qui sont toujours les plus économiques, et à les développer surtout dans les cultures où cette action a la plus grande part.

Pour se convaincre de cette vérité, il suffit de comparer le revenu net des prairies soumises à l'action bienfaisante des eaux, avec celui des terres cultivées à la charrue.

Nous sommes loin de méconnaître l'importance

d'économie rurale qu'il a fait, de 1828 à 1835, à l'institution agronomique de Grignon, cours dans lequel il a le premier en France établi et professé les vrais principes de cette science dont on ne s'était jusque là presque point occupé dans ce pays.

de la culture des céréales et des plantes sarclées, car un des principaux motifs de nos recommandations en faveur de l'accroissement du produit des prairies est fondé sur ce que nous les considérons comme le *meilleur* et même comme le *seul* moyen d'augmenter dans la même proportion les produits des autres cultures ; chacun sait en effet que les fourrages servent, presque en totalité, à produire les aliments du bétail ; or il est évident que les cultures à la charrue recevraient par l'abondance des fourrages un avantage immense, grâce à *l'augmentation des engrais* qui en serait la conséquence.

Ces considérations ont commencé à frapper les esprits depuis quelques années, et une nouvelle législation s'est produite, en ce qui concerne l'usage des eaux. Toutefois la loi ne peut donner que la faculté d'agir, et cette faculté est inutile pour qui ne sait guider ses pas : or l'emploi des eaux a été longtemps négligé, et on l'a si peu appliqué, que la plupart des propriétaires et des cultivateurs n'osent s'aventurer dans des travaux où la *pratique* et même l'*enseignement* leur manquent ; sans doute le temps amènera l'un et l'autre, mais lentement et à l'aide d'expériences longues et coûteuses, et c'est ce qui nous a déterminé à publier un Manuel, à l'aide duquel les personnes étrangères à l'art hydraulique pourront facilement par des assainissements, des irrigations variées et des limonages bien entendus, *améliorer les prairies existantes*, *en créer de nouvelles*, augmenter notablement les *récoltes des céréales* et des *plantes sarclées*, convertir les terrains incultes et les friches en prés ou au moins en bons *pâturages*, élever de beaucoup la production des *bois*, assurer le succès des *reboisements*, et enfin garantir des ravages qu'ils en éprouvent, les terrains voisins des cours d'eau qui les *inondent* ou qui les *corrodent*.

Une erreur très-répandue, et qui est presque générale, consiste à croire que pour faire des irrigations, il faut avoir des terrains situés près des cours d'eau, et pouvoir y faire des dérivations, tandis que l'on peut facilement procurer une grande partie de leurs avantages à une multitude de terrains éloignés des courants permanents, et que pour ceux qui en sont voisins on peut suppléer à leur insuffisance, et même se passer d'eux quand on éprouve des obstacles pour en dériver les eaux. Ce moyen (qui est si simple que l'on peut s'étonner de ce qu'on n'y ait pas pensé plus tôt, ou au moins de ce que l'on se soit aussi peu occupé d'en faire usage) est l'emploi des eaux pluviales.

Ces eaux, recueillies soit dans les parties basses des plateaux, soit sur les pentes des coteaux, ou à leurs pieds, au moyen de larges rigoles horizontales établies à différentes hauteurs, sont plus fertilisantes que les eaux de source et que l'eau de pluie absorbée directement, parce que lorsqu'elles coulent sur les terrains élevés pour descendre dans les plaines, comme il arrive lors des pluies abondantes ou durables, elles recueillent en passant des limons fins, des engrais et des mucilages; elles en déposent quelquefois sur les terrains inférieurs des plaines, quand elles s'y arrêtent, mais la majeure partie de ces riches éléments de fertilisation est entraînée en peu de temps, et en pure perte, dans les ruisseaux et les rivières qui les conduisent à la mer.

La moyenne du volume d'eau qui tombe annuellement sur un hectare est de plus de 4,000 mètres cubes, ou 4 millions de litres, dont une partie seulement pénètre le sol. La quantité de la pénétration dépend de l'inclinaison et du degré de perméabilité des terres. Sur les plateaux et sur les terrains bas et en faible pente, il y a surabondance nuisible, sur les terrains en pentes prononcées, la majeure partie du volume s'écoule rapidement, et en passant, ces eaux dépouillent le sol de ses engrais et souvent le ravinent.

En arrêtant à leur passage les eaux qui descendent des plateaux et celles qui coulent sur les pentes, en les dérivant et en les recueillant dans des rigoles horizontales, larges et profondes, on obtiendrait de grands avantages par l'entretien prolongé de l'humidité, et par les dépôts de limons et de vases qui se formeraient au fond des rigoles et qui procureraient d'excellents engrais.

On peut rarement faire avec les eaux pluviales des irrigations régulières, par superficie, comme on les fait avec les eaux des courants permanents, à moins qu'on ne les réunisse dans des réservoirs, mais on peut toujours les employer à faire des irrigations par infiltration, qui sont aussi très-utiles, et qui sont les seules applicables aux terrains cultivés à la charrue et aux pentes fortes.

Non-seulement cette application remédierait aux inconvénients de l'aridité d'un grand nombre de terrains en culture ou boisés, que l'on ne peut pas arroser avec des cours d'eau, mais encore elle préviendrait les ravinements et l'amaigrissement que produit leur lavage par les pluies abondantes ou continues, et elle diminuerait efficacement les débordements des ruisseaux et des rivières.

De plus, cette application généralisée serait éminemment favorable aux terrains des plaines, en les préservant des inondations, et aux usines en régularisant les cours des ruisseaux et des rivières, car alors, d'un côté, elles auraient de moins fortes crues, et de l'autre elles diminueraient beaucoup moins de volume pendant les sécheresses, parce qu'elles recevraient lentement par infiltrations souterraines, les eaux retenues par la multitude de petits réservoirs que formeraient les rigoles horizontales étagées sur les pentes. En outre, on pourrait par là réduire le nombre et les dimensions des prises d'eau à faire aux ruisseaux et aux rivières pour les irrigations.

Il résulte évidemment des explications qui précèdent, que l'emploi des eaux pluviales au moyen de rigoles d'infiltration est dans les meilleures conditions d'intérêt général, puisqu'il préviendrait beaucoup de dommages, qu'il produirait de très-grands avantages, et qu'enfin il serait aussi profitable pour les usines hydrauliques que pour l'accroissement des produits de la culture et de ceux des bois et des pâturages (1).

Persuadé que si l'on fait si peu d'emploi des eaux en agriculture, c'est faute de connaître la possibilité et la facilité de réaliser des irrigations appropriées aux diverses localités et aux divers genres de culture, nous avons cherché à répandre et à vulgariser autant que possible les connaissances les plus indispensables pour les diverses améliorations que nous venons d'indiquer et à bien faire comprendre, par des explications très-détaillées et par de nombreuses figures, les procédés d'exécution les plus avantageux et les plus simples dans l'application.

Une des principales causes qui arrêtent un grand nombre de propriétaires et de cultivateurs dans l'adoption de ces améliorations, c'est la

(1) Les avantages de l'emploi des eaux pluviales ayant été reconnus par les Sociétés d'agriculture et des arts de Seine-et-Oise et par son comice, auxquels ils ont été exposés par M. Hauducœur, maire de Bures près d'Orsay, qui le premier en a donné l'exemple dans ce département, des prix ont été votés pour les propriétaires et les cultivateurs qui en feraient des applications assez étendues.

Il est bien désirable que cet utile exemple soit suivi par les Sociétés d'agriculture et les comices des autres départements.

crainte des *méprises* qu'ils peuvent commettre en les exécutant; parce qu'ils savent que les opérations sur les eaux sont souvent délicates et difficiles, et que les erreurs dans les travaux de ce genre peuvent non-seulement rendre inutiles les dépenses et les peines qu'ils ont coûtées, mais encore produire de graves dommages qui, quelquefois, sont irréparables.

Une seconde cause de leur hésitation, c'est qu'il n'y a pas de Traité élémentaire et spécial qu'ils puissent consulter pour se guider.

Les ouvrages existants sur les irrigations sont peu nombreux, la plupart ne font que relater ce qui se fait en divers pays; et les procédés qu'ils indiquent ne sont pas toujours applicables ailleurs. En outre les propriétaires et les cultivateurs qui pourraient se les procurer et les lire tous, pourraient se trouver encore fort embarrassés pour choisir parmi des méthodes diverses, d'ailleurs souvent opposées entre elles, pour juger ce qu'ils pourraient utilement appliquer chez eux.

Un ouvrage important et très-bien fait, en quatre volumes, publié par M. Nadault de Buffon, ingénieur en chef des Ponts et Chaussées, sur les grands travaux exécutés pour les irrigations des plaines de la Lombardie, donne des renseigne-ments précieux sur les principes de l'emploi des eaux, sur la théorie de leurs mouvements, sur les ouvrages d'art à exécuter, et sur la législation spéciale des arrosages en grand; mais cet ou-vrage, outre qu'il est coûteux, est destiné plu-tôt aux ingénieurs et aux administrateurs qu'aux hommes qui pratiquent l'agriculture.

L'un des ouvrages pratiques où l'emploi des eaux est le mieux traité est le petit Manuel de l'agriculteur, par M. Moll, ouvrage bien fait et très-recommandable par la multitude de bons préceptes donnés avec clarté et mis à la portée de tous les cultivateurs; mais son cadre ne com-portait pas les détails très-étendus qui sont né-cessaires pour guider ceux qui veulent exécuter eux-mêmes ces sortes de travaux.

Quant à l'enseignement pratique des irriga-tions, nous ne connaissons que deux établisse-ments où il existe, savoir : Grignon, dirigé avec tant de zèle et de dévouement par notre digne et ancien ami M. Bella, qui vient de prouver l'utilité et le mérite de cette institution par les suc-cès nombreux que cette école a obtenus, dans un concours pour des chaires d'agriculture; et Grandjouan, dont l'habile directeur, M. Rieffel, a fait des améliorations agricoles remarquables par leurs résultats et surtout par leur économie; mais ce ne sont, dans l'un et dans l'autre de ces établissements, que des exemples particuliers d'irrigations spéciales pour ces localités, et il n'y a pas encore eu de cours complet sur ce sujet.

Enfin, nous ne connaissons aucun ouvrage qui ait traité spécialement des eaux nuisibles, des moyens d'éviter les dommages qu'elles causent, non plus que des irrigations des céréales, des plantes sarclées et des bois ; des limonages, et de l'emploi des eaux pluviales pour les irrigations.

Les motifs divers que nous venons d'exposer nous ont porté à penser qu'un *Traité pratique* propre à guider les propriétaires et les cultivateurs dans les principales applications de cet art, si peu connu encore chez nous, et dans les moyens d'exécution, serait véritablement utile.

Ce qui nous a surtout déterminé à nous en occuper, c'est que nous avons reconnu par notre propre expérience que, pour faire ce Traité, il fallait, à quelques connaissances et à la pratique de cette partie des travaux agricoles, joindre l'expérience de l'ingénieur dans les travaux hydrauliques, et c'est parce que nous nous trouvions réunir ces deux conditions, que nous nous sommes cru appelé à traiter ce sujet.

Nous n'avons pas eu la prétention de faire un ouvrage scientifique, mais seulement un *Manuel pratique*. Bien que nous ayons fait tout ce qui dépendait de nous pour le rendre complet, nous n'osons pas nous flatter d'avoir atteint entièrement ce but; mais nous aurons au moins ouvert la voie, et nous espérons que des agriculteurs et des hommes de l'art, plus instruits et plus habiles, viendront compléter et améliorer notre œuvre, en y ajoutant le fruit de leurs observations et de leur expérience.

Imprimerie de H. Fournier et Cᵉ, 7 rue Saint-Benoit.

TRAITÉ PRATIQUE
D'IRRIGATION
ET DE LIMONAGE.

DES EAUX

CONSIDÉRÉES SOUS LES RAPPORTS AGRONOMIQUES.

EXPOSÉ.

Les eaux peuvent, suivant leur nature, leur situation, leurs pentes, leurs directions, et suivant
les matières qu'elles tiennent en dissolution ou en
suspension, être *utiles* ou *nuisibles* à l'agriculture.

Le but de ce traité est d'indiquer les moyens de
remédier aux dommages que les eaux peuvent
causer aux propriétés et aux cultures, et de faire
connaître les divers emplois des eaux pluviales et
de courants, et les meilleurs procédés à suivre
pour les utiliser.

Nous traiterons d'abord des eaux nuisibles,
parce qu'avant de songer à améliorer une pro-

priété, il faut s'occuper de la conserver et de la garantir des accidents et des pertes auxquels elle est exposée.

CHAPITRE PREMIER.

DES EAUX NUISIBLES A L'AGRICULTURE ET DES MOYENS DE REMÉDIER A LEURS INCONVÉNIENTS.

Les eaux peuvent nuire à l'agriculture, 1° quand, bien qu'étant de bonne nature, elles sont trop froides.

2° Quand elles tiennent en dissolution des substances acides ou astringentes, ou une grande abondance de chaux sulfatée (gypse) ou en suspension de la chaux carbonatée très-divisée à l'état de tuf.

3° Quand elles sont stagnantes à la surface du sol ou à de faibles profondeurs, par suite du défaut de pente des champs et des prés, et de l'imperméabilité du sol ou du sous-sol, ou quand elles sont retenues par la nature spongieuse ou tourbeuse du terrain.

4° Et quand par la rapidité de leurs pentes et les irrégularités de leurs courants, elles attaquent et corrodent leurs rives ; ou quand, par le défaut de profondeur de leurs lits, elles submergent et inondent les vallées et les plaines qu'elles traversent.

Nous allons examiner successivement ces divers modes d'actions nuisibles et indiquer les moyens de remédier à chacun d'eux.

Iʳᵉ SECTION.

Des Eaux nuisibles par leur température ou par les substances qu'elles tiennent en dissolution ou en suspension.

Des eaux très-froides. — Les eaux très-froides nuisent à la végétation, parce que leur température étant beaucoup plus basse en été que celle de la terre et des plantes, leur contact arrête la transpiration insensible des végétaux en faisant contracter leurs organes (1), et par là les fait souffrir et peut même les faire périr. Ces sortes d'eaux

(1) On a vu cette année un exemple frappant et bien malheureux, de cette sorte d'influence, dans la maladie des pommes de terre. Il y a en effet tout lieu de croire que cette maladie est résultée de la lésion, ou de l'altération des organes de la végétation par les pluies froides et abondantes qui, souvent cette année, ont succédé brusquement à des journées de très-fortes chaleurs; en sorte que l'on pourrait assimiler cette maladie aux pleurésies, par refroidissement subit d'un corps échauffé. Nous pensons que les champignons observés ne sont pas la cause de la maladie, mais une conséquence de la désorganisation.

sont ordinairement celles des sources qui sont profondes, ou qui sortent des hautes montagnes, ou de rochers escarpés. L'absence d'air qui est ordinaire dans ces eaux, et qui les rend moins salubres pour les hommes et pour les animaux, n'est pas un inconvénient pour les plantes dont les racines en absorbent peu, elles sont donc généralement bonnes pour les irrigations, quand elles sont suffisamment pures et quand on ne les emploie pas trop froides, mais elles ne servent qu'à abreuver et ne sont pas fertilisantes comme les eaux courantes.

Pour remédier à l'inconvénient de leur basse température, il faut, avant de les employer, leur faire faire de longs trajets dans des rigoles larges et peu profondes où elles puissent s'échauffer par le contact de l'air et de la terre, et ne s'en servir que quand la température est suffisamment élevée pour produire cet effet.

Ou bien il faut établir, à l'entrée et dans les parties les plus élevées des propriétés à arroser, des bassins d'assez grande superficie, pour que l'eau qui y sera retenue puisse prendre la température de l'air par l'action du soleil (1).

____

(1) Quand le volume d'eau à employer et à échauffer est peu considérable, l'établissement du bassin ne présente pas de difficultés. Quand on veut établir un grand réservoir, les

Des eaux acides ou salines. — Les eaux acides ou salines sont ordinairement celles qui sortent des terrains tourbeux ou pyriteux. Pour les améliorer, il faut les réunir dans des bassins où l'on délaie des substances alcalines, telles que des cendres, de la chaux grasse et vive, ou des fumiers gras à demi consommés; ou bien encore des matières fécales ou des substances animales en putréfaction, parce qu'alors elles dégagent abondamment de l'ammoniaque qui se combine avec l'acide et le neutralise; il vaut mieux en mettre trop que trop peu, l'excès ne pouvant être nuisible et étant au contraire fertilisant.

On connaît l'acidité de l'eau par l'analyse chimique, et aussi en y trempant du papier passé à la teinture de tournesol, que tout acide fait rougir; mais pour rendre l'effet plus sensible, il faut d'abord concentrer le principe acide, en réduisant par l'ébullition l'eau que l'on essaie au dixième de son volume.

Quand les eaux d'un ruisseau dont les eaux sont de bonne qualité traversent des terrains tourbeux ou pyriteux, il convient de les détour-

travaux à exécuter pour opérer la retenue, exigent beaucoup de soins et de précautions; nous les expliquerons dans le second chapitre, à la 9me section concernant les réservoirs et les étangs.

ner à l'amont de ces sortes de terrains et de les faire tourner autour par un canal de dérivation, pour les empêcher de s'y mêler avec les eaux tourbeuses ou pyriteuses qu'il faut écouler à part par des canaux d'assainissement.

Des eaux astringentes. — Les eaux qui renferment des principes astringents sont celles qui descendent de grandes forêts, où elles ont pu dissoudre ou entraîner des détritus de feuilles et de bois en décomposition.

Il est constaté par une suite d'expériences faites avec un grand soin, par un célèbre chimiste (M. Payen), que les astringents agissent surtout sur les spongioles qui terminent les fibres des racines et leur servent de suçoirs, et qu'elles paralysent entièrement leur action, en leur faisant subir une espèce de tannage.

On reconnaît la présence du principe astringent, quand il est abondant, à la saveur, et en mêlant cette eau fortement concentrée par l'ébullition, avec une dissolution de couperose verte (ou fer sulfaté) que les substances astringentes colorent en noir. Quand la proportion est faible, il faut employer l'analyse chimique. Pour corriger le principe astringent, il faut mêler dans le bassin où l'on réunira les eaux à l'entrée de la propriété à irriguer, de la chaux vive délayée, des eaux de lessive, des débris de substances animales, de vieilles ferrailles, et des terres ou des marnes ferrugineuses.

Des eaux gypseuses. — Les eaux qui contiennent en dissolution de la chaux sulfatée en abondance, ont l'inconvénient de former à la longue, sur les terrains qu'elles parcourent, des croûtes dures, contraires à la végétation; on reconnaît la présence de ces sels terreux, quand, en versant dans l'eau une dissolution de savon, ou bien de l'eau de cendres, ou de la lessive, il s'y forme des grumeaux blancs épais et abondants. Le moyen de les améliorer, consiste à y mêler des cendres, du jus de fumier, des débris de boucherie en putréfaction, ou bien encore des fumiers gras délayés.

Des eaux tuffeuses. — Pour améliorer les eaux qui déposent des tufs, il faut les réunir dans de vastes bassins au fond et autour desquels on met des fascines de bois très-rameux et des branches de pin et de sapin sur lesquelles le tuf se dépose promptement.

IIme SECTION.

Des Eaux stagnantes.

Toutes les eaux stagnantes à la surface du sol, ou au-dessus des limites auxquelles pénètrent les racines, sont nuisibles à la végétation de la plupart des plantes agronomiques; on ne peut excepter de cette influence délétère que les arbres qui se plaisent dans l'humidité, comme les peupliers, les saules, les osiers, les aulnes, etc., qui, néanmoins, végètent mieux quand les eaux qui les baignent sont courantes; et les plantes aquatiques, comme les joncs, les roseaux, les laiches, les prêles, les mousses et plusieurs espèces de carex, de graminées, de renoncules, etc.; mais ces sortes de plantes donnent de mauvais fourrages souvent nuisibles aux bestiaux, et c'est parce que les eaux stagnantes favorisent leur développement, qu'il importe de s'en délivrer.

Assainissement des terrains pénétrés d'eaux stagnantes. — Il faut pour cela d'abord faciliter leur écoulement au moyen de fossés ou de canaux dont la profondeur doit être telle que leur fond soit plus bas que la partie inférieure de la nappe d'eau stagnante (1).

Il arrive fréquemment que, pour pouvoir assurer l'écoulement des eaux soutirées par ces ca-

----

(1) Ce traité étant destiné principalement aux agriculteurs, nous ne parlerons ici que des eaux stagnantes dans des prés ou des terrains marécageux, mais sans nous occuper du desséchement des marais proprement dits qui, en général, exigent des études sérieuses et le concours d'hommes de l'art, pour les projets et pour la direction des travaux.

naux et réunies au bas d'une propriété de peu d'étendue, il est nécessaire de s'entendre avec les propriétaires des terrains voisins et plus bas, par lesquels les fossés d'évacuation doivent passer pour se rendre aux courants naturels inférieurs. Les consentements qui sont alors nécessaires pour le succès de ces sortes d'opérations, sont souvent difficiles à obtenir de la bonne volonté des voisins, même quand il y a concordance d'intérêts. C'est sans doute pour cette raison que l'on voit tant de terrains détériorés par la stagnation des eaux, qu'un travail intelligent pourrait facilement assainir et améliorer. Mais cette difficulté n'existe plus depuis que dans la loi récente sur les eaux destinées aux irrigations, un député éclairé, partisan du progrès et qui est en même temps un très-bon agriculteur (M. Darblay), a proposé et fait admettre un amendement spécial, par lequel les travaux à faire pour délivrer les propriétés d'eaux nuisibles, peuvent, comme ceux qui concernent les irrigations, être déclarés d'utilité publique, et par là rendre obligatoire, moyennant indemnité, l'établissement sur les fonds inférieurs des fossés et des canaux qui sont nécessaires pour l'écoulement de ces eaux.

Lorsque l'eau ne séjourne que dans des parties isolées d'un terrain, et qu'elle est peu abondante, il suffit de faire dans les bas-fonds de ces parties de petites saignées de 15 à 20 centimètres de largeur moyenne pour conduire les eaux dans des fossés de ceinture ; alors on laisse ces saignées ouvertes, parce qu'elles conservent mieux leur écoulement, et on se borne à les curer de temps en temps.

Canaux d'assainissement ouverts. — Quand les eaux à évacuer sont fort abondantes et que le terrain en est généralement et fortement pénétré, les fossés et les canaux doivent être larges et profonds et rester ouverts pour que l'écoulement soit plus libre, ainsi que pour faciliter leur curage, surtout lorsque les eaux charrient des vases ou des sables. Les canaux ouverts étant gênants pour la circulation des voitures, dangereux pour le bétail et incommodes pour les irrigations, le mieux est de les établir au pourtour de la propriété ; mais alors, pour diminuer les inconvénients de leur profondeur, et pour éviter les pertes des récoltes sur leur superficie, il convient d'abattre leurs bords intérieurs en plans inclinés et de les raccorder en courbes adoucies avec la surface des champs ou des prés. Cette disposition a l'avantage de prévenir les éboulements des berges, de faciliter les curages, et surtout de donner des récoltes sur cette surface de raccordement. Quand ces fossés d'assainissement bordent un pré, on réserve les gazons levés tant pour leur ouverture que pour l'inclinaison à donner à leur berge intérieure, et on les applique ensuite sur cette surface arrondie, en sorte qu'elle produit immédiatement. Ces sortes de fossés sont indiqués par la figure 1re dans laquelle les hachures croisées indiquent les gazons rapportés. Les terres qui proviennent de ces creusements sont employées à faire des banquettes de clôture, ou bien on les étend en les semant sur le pré pour le terreauter.

Canaux couverts. — Lorsque les eaux stagnantes s'étendent sur la presque totalité du terrain, mais sont peu abondantes et ne proviennent que de filtrations lentes, comme il arrive le plus souvent, elles sont ordinairement claires et de faible volume; on peut alors employer, pour les écouler, des rigoles couvertes qui sont préférables, parce qu'elles laissent toute liberté et toute facilité pour les irrigations, pour l'enlèvement des récoltes et pour le pâturage et qu'elles redeviennent immédiatement productives, soit en y plaçant les gazons enlevés pour leur ouverture, soit en les semant.

Avant d'établir les rigoles d'assainissement à travers la prairie et dans les parties où l'eau séjourne, il faut toujours commencer par creuser le long de son bord supérieur et sur les deux côtés latéraux, de larges fossés ouverts, jusqu'à 20 ou 30 centimètres de profondeur au-dessous de la surface du sous-sol imperméable, pour arrêter, recueillir et détourner les eaux de filtration qui arrivent du haut et des côtés, et pour les conduire au bas de la prairie.

Leurs tracés. — Les tracés des directions à donner aux canaux et aux rigoles d'assainissement couverts dans l'intérieur de la prairie exigent des soins particuliers et un peu d'art. Il faut commencer par faire, sur tout le terrain à assainir, de nombreux sondages avec une petite sonde à main garnie d'une mèche en forme de tarière, pour connaître les profondeurs relatives auxquelles se rencontre le sous-sol imperméable qui retient les eaux, parce que cè sont les baissières de ce sous-sol qu'il importe de faire suivre aux canaux et aux rigoles, plutôt que les parties basses de la superficie. Quelquefois les unes et les autres s'accordent quand l'épaisseur de la terre végétale est à peu près uniforme; mais, le plus souvent, elles diffèrent beaucoup, et c'est ce dont il importe de s'assurer avant de tracer les canaux et les rigoles : le mieux est d'établir sur la prairie des lignes parallèles et à égale distance, au moyen d'un cordeau divisé en mesures égales, et de placer à chacune des divisions un piquet numéroté et de porter sur un carnet le résultat du sondage fait à chacun de ces piquets avec son numéro.

Quand on connaît bien par les notes des sondages, les directions que suivent les baissières du sous-sol, on établit le tracé du canal central, si le terrain a peu d'étendue, ou des canaux principaux, si les dimensions et les variations d'inclinaison en exigent plusieurs, de manière à leur faire suivre les directions générales des baissières les plus prononcées du sous-sol, sans cependant s'astreindre à suivre trop exactement les petites déviations, et en évitant de leur faire former des angles ou des coudes trop brusques. Il faut tracer des courbes adoucies qui s'accordent avec les directions générales des baissières, à moins que celles-ci ne se trouvent régulières et en ligne droite, ce qui est rare.

En général les canaux doivent atteindre la surface du sous-sol, ou en approcher le plus près possible. Quand il présente des cavités, on peut les remplir en pierres, et lorsqu'on rencontre dans ces creusements des saillies ou des bourrelets en travers du sous-sol, il faut les couper pour donner une pente régulière au fond des rigoles.

Les canaux principaux d'assainissement en travers de la prairie doivent avoir leur origine dans les parties les plus élevées du terrain et aboutir aux parties les plus basses, où leurs eaux sont réunies dans un fossé général d'égout, à la lisière inférieure de la propriété.

Le volume des eaux auxquelles ces canaux doivent procurer de l'écoulement, augmentant constamment vers leur débouché, il faut augmenter aussi progressivement en descendant leurs largeurs et leurs profondeurs.

Les rigoles secondaires ou saignées qui ont de plus petites dimensions que les canaux, se font latéralement sur leurs côtés et vont s'y réunir de droite et de gauche. On les trace de la même manière, en ayant soin de les faire concorder avec les ramifications des baissières du sous-sol. Leurs jonctions avec les canaux ne se font pas perpendiculairement, mais obliquement, de manière à former avec eux des angles très-aigus, comme on le voit dans la figure 2. Ces rigoles doivent, comme les canaux, et par les mêmes raisons, être plus souvent courbes que droites, et alors les courbes doivent toujours, en arrivant au canal, lui présenter leur convexité pour s'y joindre tangentiellement comme l'indique la figure 2.

Cette disposition a pour but d'éviter que les vitesses des petits courants qui se rejoignent soient ralenties par cette réunion, comme il arrive quand deux cours d'eau se rencontrent d'équerre, parce qu'alors le ralentissement qui en résulte produit des dépôts de vases ou de sables. Tandis qu'au contraire, quand deux courants se réunissent en convergeant et sont presque tangents, les vitesses s'accroissent au lieu de diminuer et ont plus de force pour entraîner les dépôts.

Leur dimension. — La largeur des canaux dépend de leur profondeur et du volume des eaux. En général, il suffit de leur donner 50 centimètres de largeur moyenne, quand leur profondeur est de 70 à 80 centimètres. Pour assurer leur conservation et prévenir les éboulements, il ne faut pas couper leurs côtés d'aplomb, comme on le fait souvent, mais en pente, de manière à ce que leur largeur au sommet soit à peu près double de la largeur au fond. Cette disposition est surtout nécessaire pour les canaux, qui doivent être remplis et recouverts, afin que les gazons et la terre, dont on les garnit au-dessus des pierres, se compriment en descendant, et, qu'étant serrés en coin, ils ne puissent pas descendre trop bas et boucher les cavités inférieures ménagées pour l'écoulement des eaux. On peut encore, au lieu de couper les côtés de ces fossés en plans inclinés, les couper en redans, qui s'opposent encore mieux à la descente du remblai (fig. 3).

Les fonds de ces fossés ne doivent pas être plats,

comme on a la mauvaise habitude de les faire,
mais concaves, en forme de cuvette, pour centraliser les petits courants d'eau, afin d'éviter qu'ils
se portent sur les côtés, où ils pourraient former
des cavités nuisibles, et de leur donner la force
d'entraîner les vases et les sables (fig. 3).

Leur exécution. — Les canaux et les rigoles
d'assainissement peuvent s'exécuter de plusieurs
manières ; on peut les faire en pierrées, en plaçant
de chaque côté du fond un rang de pierres de
hauteur à peu près égales, de fortes dimensions,
ou de grosses briques : on les met de champ, mais
en les inclinant légèrement en dehors, et en les
appliquant contre les faces inclinées, aussi des
côtés du canal, pour leur donner plus de stabilité
et empêcher que la pression supérieure les fasse
renverser en dedans ; on couvre ces deux rangs
avec des pierres plates, ou des briques longues,
suivant les ressources de chaque localité (fig. 4). Les
eaux de filtration ont alors un écoulement facile
dans le vide qui reste au milieu. On peut, à défaut
de pierres plates, faire de petites voûtes en pierres
sèches, mais elles coûtent plus de main-d'œuvre.

Il faut se garder de maçonner les pierres qui
forment les côtés de ces pierrées, parce qu'il faut
laisser le plus de liberté possible aux filtrations
latérales du fond.

Lorsqu'on ne peut pas facilement se procurer des pierres convenables et suffisamment bonnes pour former ces pierrées régulières, on peut en établir d'autres qui n'exigent que des pierres irrégulières et qui peuvent remplir également le but proposé quand les eaux de filtration ne sont pas abondantes. Pour les canaux principaux ayant 30 à 40 centimètres de largeur au fond, on commence par établir au milieu de leur fond et sur une ligne continue un rang de pierres, les plus plates posées de champ et un peu enfoncées dans le sol par un battage à la masse ; ensuite, de chaque côté de ce rang, on place de grosses pierres, en mettant leurs queues dans les angles du fond du canal et en appuyant leurs têtes sur celles du rang du milieu, de manière que les deux rangs latéraux se contre-buttent par leurs inclinaisons opposées (fig. 5).

On recouvre ces trois rangs de pierres ainsi arrangées de pierres brutes moyennes sans arrangement, en ayant seulement soin que ces dernières couvrent les plus grandes ouvertures qui résultent des irrégularités de celles des premiers rangs. On jette par-dessus ce second rang un lit de pierres moins grosses, et sur celles-ci de petites pierres et du gravier que l'on comprime en le pilonant, puis enfin de la terre grasse ou compacte que l'on bat fortement, et on finit par gazonner ou semer. Il faut toujours qu'il y ait 25 centimètres au moins d'épaisseur de terre battue au-dessus du gravier, pour que les rigoles d'irrigation ne perdent pas l'eau à la traversée des rigoles d'assainissement.

Pour les rigoles étroites, comme pour les rigoles secondaires et latérales, on supprime le rang du milieu, et on se borne à établir deux rangs de pierres, les plus fortes des deux côtés de la cuvette du fond, en les faisant incliner et butter les unes contre les autres, puis on garnit et l'on recouvre, comme pour les autres pierrées, en pierres moyennes, petites, gravier et terre compacte bien pilonnée (fig. 6).

Quand on manque de pierres, ou quand l'on peut avoir plus facilement du bois de taillis et de fascines, on garnit le fond des canaux et des rigoles avec des saucissons, composés de branches les plus longues possible, sans feuilles ni ramilles ; on donne à ces saucissons (que l'on évite de trop serrer dans leurs harts), un diamètre un peu plus grand que la largeur du bas du canal ou de la rigole à garnir, afin qu'étant enfoncés de force, ils serrent contre les parois et ne descendent pas jusqu'au fond de la cuvette, et qu'ils laissent un libre passage aux eaux. On place les saucissons bout à bout ; ensuite on les recouvre avec de larges gazons renversés, c'est-à-dire le côté herbé sur les fascines, puis on remplit de terre compacte pilonnée que l'on bat bien, et par-dessus on gazonne ou on sème (fig. 7).

Quand on n'a pas de gazons pour mettre sur les fascines, on les couvre avec de petits fagots de bruyères, de genêts, de fougères, de menues branches, ou de joncs, que l'on place en travers et bien jointifs (fig. 8), puis on les recouvre de gravier ou de sable et de terre compacte bien pilonnée.

Ces rigoles sont très durables quoique garnies en bois, parce que quand bien même ce bois est pourri, le terrain de recouvrement étant alors bien consolidé, le vide se conserve au-dessous, et ne fait que s'augmenter par la décomposition des fascines, en sorte que l'écoulement des eaux est toujours assuré.

Des terrains spongieux ou tourbeux.— Lorsque le terrain vicié par les eaux stagnantes est spongieux ou tourbeux, l'ouverture des rigoles d'assainissement pourrait être insuffisante pour l'empêcher de produire des joncs et de mauvaises herbes; si cependant il ne retient l'eau que par l'effet d'un sous-sol difficilement perméable, il faut, après l'exécution des rigoles d'assainissement, y répandre des cendres de bois, de houille ou de tourbe, et du poussier de charbon qui est à bas prix et qui détruit promptement les mousses, puis répandre, sur les parties où les mauvaises herbes dominent, du tourteau de colza réduit en poudre dans la proportion de 6,300 kilogrammes par hectare, et herser par-dessus au bout de douze à quinze jours pour le faire pénétrer. Il augmente la force de végétation des bonnes herbes, qui étouffent les herbes aquatiques dont les racines sont inférieures.

Quand le terrain est tout à fait tourbeux, il est indispensable pour l'améliorer de le labourer profondément; puis on y sème avec abondance de la chaux *grasse* et vive en poudre (1), ou bien des cendres de bois, de houille ou de tourbe. On herse fortement, puis on donne un second labour pour achever de diviser et pour opérer le mélange de la chaux. On laisse le terrain exposé à l'action des gelées, puis on le herse fortement au printemps et on le sème en graminées.

Les labours rompent les fibres ligneuses et la texture spongieuse de ces terrains, et font décomposer les fibres et les radicules entrelacées en les exposant, dans cet état de désunion, aux gelées et

_____

(1) Quand le terrain est véritablement tourbeux, il faut pour le corriger et le bonifier, environ 50 mètres cubes, ou 500 hectolitres de chaux par hectare, ce qui donne un demi-centimètre d'épaisseur sur toute la surface du terrain.

aux actions atmosphériques. La chaux vive et les cendres ont le double effet, par leur nature alcaline, d'accélérer la décomposition des fibres ligneuses et de neutraliser les acides et les astringents que ces terrains renferment ordinairement. Quand le sol est ainsi amélioré, on établit les canaux et les rigoles d'assainissement d'après les principes et les modes d'exécution expliqués ci-dessus, puis on sème toute la surface. Pour indemniser d'une partie des dépenses, on peut semer la première année en avoine, avec trèfle, et ne mettre en pré qu'après la récolte du trèfle, après un léger labour ou un hersage à la herse de fer, ou au cultivateur, quand le terrain n'est pas trop compacte.

On pourra peut-être se récrier sur les travaux et sur les dépenses des opérations que nous conseillons. Nous répondrons que chacun peut facilement se rendre compte du montant des frais qu'exigeront les travaux proposés, ainsi que des accroissements probables, tant dans les quantités et les qualités des récoltes, et comparer la valeur vénale des prairies ainsi améliorées à la valeur qu'elles avaient dans leur ancien état antérieurement aux travaux indiqués, et lorsqu'elles ne donnaient qu'une faible quantité de mauvais fourrages nuisibles aux bestiaux.

Nous sommes convaincus qu'il est bien peu de terrains pour lesquels les bénéfices ne l'emportent beaucoup sur les dépenses. En résumé, la réponse à cette objection est dans ce vers de Voltaire :

Il n'est point, ici bas, de moisson sans culture.

Terrains aquatiques privés de débouchés naturels. —Quant aux terrains détériorés par les eaux stagnantes, qui sont très-bas relativement aux terrains environnants, et tellement situés que l'on ne puisse pas faire déboucher au dehors, par le seul effet des pentes, les eaux réunies dans les parties inférieures par les canaux d'assainissement, on peut employer pour les en délivrer deux moyens différents : le premier, qui est toujours possible mais assez dispendieux, consiste à former au point de réunion des eaux, un bassin ou un large fossé, et à établir un chapelet à godets, une noria ou une vis d'Archimède, que l'on fait mouvoir par un manége ou par un petit moulin à vent, de manière à élever les eaux au-dessus des obstacles qui s'opposent à leur libre écoulement. Ce moyen, qui n'est applicable que quand les terrains à assainir ont une grande étendue, est employé dans beaucoup d'endroits de la Flandre et des Pays-Bas, qui sont devenus d'excellentes prairies et qui, avant ce moyen de desséchement, n'étaient que des marais improductifs.

De petits moulins à vent, faisant mouvoir des pompes propres à ce service pour élever l'eau de puits assez profonds, ont été établis à Paris par M. Gailard, fabricant de pompes, à Chaillot, allée des Veuves, côté du quai, et par M. Amédée Durand, qui en a exécuté pour des desséchements. Ils fonctionnent très-bien depuis plusieurs années; ils sont faciles à démonter, exigent peu d'entretien et coûtent de 12 à 1,500 fr. On ne peut employer de pompes à *pistons métalliques* que pour les eaux claires; quand elles ne le sont pas, il faut employer des pompes rurales dont on verra la description à la fin de ce traité.

Quand les eaux sont bourbeuses ou sableuses, on applique des moulins à vent ou des manéges à faire mouvoir des chapelets à godets, des norias ou des vis d'Archimède.

Les manéges les plus commodes à employer aux champs sont ceux de M. Durand, dont le mécanisme simple et peu volumineux est situé au-dessous du terrain ou de la plate-forme sur laquelle marche le cheval; au-dessus du sol, il n'y a que la tête peu saillante de l'arbre de rotation et une flèche inclinée, à laquelle on attèle un cheval ou un bœuf. Avec ce système on évite les grands arbres verticaux et la charpente assez considérable des manéges ordinaires. Un de ces manéges est établi depuis plusieurs années au rond-point des Champs-Élysées, à l'angle de la contre-allée circulaire de gauche en montant.

Le second moyen applicable aux terrains qui manquent de débouchés est celui des puits absorbants ou boit-tout, mais on ne peut employer ce procédé que quand le sous-sol imperméable qui arrête les eaux n'a pas une trop grande épaisseur, et quand au-dessous de lui se rencontre un sol perméable en gravier, en sable, ou bien en roche caverneuse ou feuilletée.

Le percement de ces puits absorbants s'exécute à la sonde, comme celui des puits artésiens pour les eaux ascendantes. Pour empêcher que les vases, les sables et les ordures que les eaux à évacuer peuvent entraîner, ne bouchent les fissures ou les interstices de la couche perméable qui doit leur donner passage, il convient de former autour du sommet du tube, placé dans le trou d'absorption, un puits d'un mètre et demi de diamètre et deux mètres de profondeur en contre-bas du sol ou de la surface du réservoir des eaux (comme on le voit représenté dans la fig. 9). Le tube du forage A s'élève de 60 à 80 centimètres au-dessus du fond du puits, et sa tête est garnie d'une boule B percée de trous, en forme de tête d'arrosoir. Il résulte de cette disposition qu'il n'entre dans le tube que l'eau claire, ou chargée seulement de limons fins qui, facilement entraînés par le courant d'écoulement, ne peuvent nuire. Toutes les matières, telles que sables, graviers, plantes, feuilles, etc., se déposent au fond du puits ; on les enlève par des curages périodiques, et l'on prévient par là l'obstruction des canaux d'absorption, qui a souvent lieu quand on ne prend pas cette précaution.

Pour connaître la possibilité d'établir un puits absorbant, on commence par faire faire un simple sondage de petit diamètre, avec la sonde à main, qui fait connaître l'épaisseur du banc imperméable et la nature du terrain sur lequel il repose.

Un boit-tout de ce genre, avec son tube en forte tôle et le puits préservateur, établis en 1840 par M. de Gousée, très-habile sondeur (rue Chabrol, 35), chez M. Musard, à Auteuil, à une profondeur de 15 mètres, a coûté 400 fr. et fonctionne très-bien.

IIIme SECTION.

Des Inondations par débordements.

Les débordements des rivières et des ruisseaux nuisent, non-seulement en pénétrant le sol d'une surabondance d'eau nuisible à la culture et aux récoltes, surtout quand l'inondation dure plusieurs jours, mais encore en délavant la terre végétale et les engrais, dont les eaux en se retirant entraînent les parties les plus ténues et les plus favorables à la végétation ; puis en faisant pourrir les semences, en terrant les récoltes, en rouillant l'herbe des prairies et les blés en vert, et quelquefois en couvrant les champs de lits de gravier et de sable qui les rendent stériles.

Lorsque les débordements d'un cours d'eau couvrent de grandes étendues de terrain, on ne peut y remédier qu'en régularisant et en diguant le courant qui les produit. Alors il faut le concours de tous les propriétaires exposés aux inondations, et un projet d'ensemble pour la totalité, ou au moins pour une partie notable du lit à régulariser.

Débordements causés par de grandes rivières ou par des torrents. — Lorsque le courant qu'il s'agit de contenir dans un lit régulier est une rivière à grand volume d'eau ou un torrent à forte pente, il est nécessaire que l'étude de leur régularisation soit faite par un homme de l'art, expérimenté dans cette sorte de travaux.

Les principes et les procédés à suivre pour ce genre d'ouvrage exigeraient de longs développements ; leur exposition serait d'ailleurs sans utilité pour les agronomes et pour les cultivateurs, parce qu'ils exigent, tant pour l'étude et l'établissement des projets que pour en diriger l'exécution, des connaissances spéciales dans les travaux hydrauliques; c'est pourquoi nous ne les expliquerons pas dans ce manuel, destiné uniquement aux hommes qui s'occupent de culture et d'améliorations rurales.

Les personnes qui désireront cependant connaître nos principes et les procédés que nous croyons les meilleurs pour l'exécution de ces sortes de travaux, pourront consulter un Memoire en deux parties que nous avons publié en 1844 et qui se trouve chez M. Mathias (quai Malaquais, 15), sur la régularisation et l'endiguement des rivières de la Loue et du Doubs, dans le département du Jura. La première partie comprend les principes généraux du système que nous avons proposé et les motifs qui nous ont déterminé à les adopter; la seconde partie donne les applications de ces principes aux endiguements de la Loue et du Doubs qui présentaient de grandes difficultés , et les estimations des dépenses à faire pour l'exécution de ces projets.

Inondations causées par des ruisseaux, des petites rivières, ou des eaux pluviales. — Lorsque les débordements sont produits par des ruisseaux ou des rivières qui submergent leurs berges, mais dont les lits n'ont pas besoin d'être rectifiés, les propriétaires et les cultivateurs peuvent s'en garantir par des ouvrages d'une exécution facile et sans le secours des hommes de l'art (1).

Établissement des digues.— En effet, de simples levées en terre, bien établies avec des talus en pente douce et gazonnés, suffisent pour résister aux eaux de débordement les plus considérables et les plus rapides ; les soins principaux qu'elles exigent pour en assurer le succès, consistent dans les directions à leur donner et dans les dispositions de leurs têtes d'amont et d'aval, pour empêcher qu'elles soient entamées quand elles se trouvent isolées.

La tête d'amont d'une nouvelle digue doit toujours être établie en raccordement avec une digue ancienne, ou s'appuyer sur une partie de terrain résistante et assez élevée pour ne pas être surmontée par les eaux des plus grandes crues. Ces directions doivent être sensiblement parallèles aux directions générales que suivent les eaux de dé-

(1) Les propriétaires qui veulent faire des travaux de cette nature, doivent avant de les entreprendre faire connaître leurs projets à l'autorité administrative, en s'adressant aux maires, ou aux préfets, pour qu'ils puissent, avant d'en autoriser l'exécution, s'assurer qu'il n'en résultera pas dommages pour les autres riverains, pour les usines, ou pour les services publics.

bordement, pour que les courants qu'elles déterminent soient, autant que possible, tangents aux
talus des digues et qu'ils glissent contre ces talus
au lieu de les heurter.

En général, sauf les cas où les courants sont en
lignes droites, ce qui est rare, les digues de garantie contre leurs débordements doivent être presque
constamment tracées en courbes à peu près parallèles aux courbes générales que formerait le courant lui-même, si on le régularisait en supprimant
les sinuosités et les contours trop brusques (fig. 10).
Quand le tracé passe d'une courbe concave à une
courbe convexe, et réciproquement, il faut avoir
soin de les séparer par une ligne droite tangente à
l'une et à l'autre, comme on le voit dans les parties
C D et E F du tracé des levées projetées (fig. 10).

Lorsque ces courants forment des angles prononcés, il faut couper ces angles en régularisant
la rivière, et quand on ne le peut pas, il faut en
éloigner la digue le plus possible, et la diriger en
courbes concaves.

Pour pouvoir établir des tracés réguliers indépendamment des irrégularités des courants, et
pour mettre mieux les digues à l'abri de l'action
de corrosion des rives, il convient de les écarter
des bords du courant et de laisser entre deux, autant qu'on le peut, une banquette de garde gazon-

née, indiquée par les lettres G G dans les fig. 11 et 12. En outre, les rives étant ordinairement in-clinées, en éloignant les digues on diminue par là leur hauteur et les dépenses de leur exécution.

Il est indispensable, pour la garantie du pied de la digue, que la bande de terrain, ou banquette de garde G G, qu'on doit toujours laisser entre la digue et le bord habituel de la rivière, soit en pente régulière et bien gazonnée, depuis le pied de la digue jusqu'à la rive des basses eaux ; quand cette inclinaison n'existe pas, et surtout quand la rive présente une coupe verticale, il faut déblayer, pour lui donner une pente régulière et uniforme, jusqu'à la surface des basses eaux, puis la recou-vrir d'un gazon épais fortement piqueté. Pour as-surer la reprise du gazon il faut, en déblayant, relever la terre végétale ou le sable fin, et en re-couvrir la surface du terrain déblayé en pente avant de placer le gazon.

On ne doit jamais exécuter ces digues pendant la sécheresse, ni quand il gèle.

Les dimensions de ces digues dépendent des hauteurs auxquelles s'élèvent les débordements ; leur sommet, ou couronnement, doit être plus élevé de 50 centimètres au moins que le niveau des plus hautes eaux : 25 centimètres au-dessus des plus grandes crues suffiraient sans doute pour empêcher les débordements ; mais il faut considérer qu'il y a toujours du tassement dans les remblais, même quand ils sont bien pilonés, et qu'en outre, en empêchant ou en restreignant les débordements, on produira une surélévation de hauteur dans le lit du ruisseau ou de la rivière, et qu'il faut y parer d'avance.

Le tracé des alignements et des courbes de la digue projetée étant établi suivant les principes qui précèdent, on plante sur ce tracé, à 10 ou 15 mètres de distance les uns des autres, des piquets H, H, dont les têtes doivent se trouver à un demi-mètre d'élévation au-dessus des niveaux des plus grands débordements.

Les têtes de ces piquets marquent l'arête extérieure (c'est-à-di e du côté de l'eau) du couronnement de la digue.

Pour marquer les pieds du talus de la digue en dehors et en dedans, on plante, vis-à-vis de chaque grand piquet de hauteur, deux petits piquets, savoir : l'un en dehors (côté de la rivière), à une distance égale à une fois et demie la hauteur du grand piquet, et l'autre en dedans (côté des champs), à une distance égale à l'élévation du piquet de hauteur, plus, la largeur du couronnement de la digue, qui doit être de 40 à 50 centimètres, pour donner au talus intérieur une pente de 45 degrés (c'est-à-dire d'une largeur de base égale à sa hauteur), qui ordinairement est suffisante, à moins que la terre ne soit très-légère ; dans ce cas, on augmente la longueur de ce second talus pour rendre sa pente plus douce.

D'après ces indications, la largeur de la base d'une digue d'un mètre de hauteur serait de 3 mètres ; celle d'une digue de 2 mètres de hauteur serait 5 mètres et demi.

Le talus intérieur peut être droit et plat ; mais il convient de faire le talus extérieur (du côté du courant) concave, pour trois raisons : la première, c'est qu'il se raccorde mieux avec la banquette de garde H, H ; la seconde, consiste en ce qu'il donne moins de prise à l'eau qui y glisse plus facilement ; la troisième, c'est qu'il diminue un peu le cube du remblai. Cette disposition est d'ailleurs rationnelle, puisqu'elle donne le plus de largeur à la base, qui supporte les plus grandes charges, et qu'elle diminue celle du sommet, qui en a le moins.

Cette disposition est indiquée dans la fig. 11, qui est le plan de la digue, et dans la fig. 12, qui représente son profil, ou coupe en travers sur une plus grande échelle, et dans lesquelles I, I indique le courant d'eau ; les lettres H, H, la banquette de garde ; K, le talus extérieur concave ; L, le couronnement de la digue ; M, le talus intérieur.

Les limites des talus intérieurs et extérieurs de la digue étant tracées par les deux rangs de petits piquets, on enlève, à la bêche, les gazons compris entre ces deux lignes, en les coupant avec soin en forme de carrés longs (1), et on les empile sur la banquette de garde à 2 mètres au delà du pied du talus, puis on déblaie la terre végétale située en dessous sur 15 à 20 centimètres d'épaisseur, et on en forme un bourrelet de dépôt entre les piles de gazons et le pied du talus.

Ces deux dépôts sont ainsi réservés pour être employés en revêtement et recouvrement du remblai qui formera le corps de la digue. Il faut avoir soin ensuite de piocher le sol sur lequel doit être fait le remblai, pour assurer leur liaison.

Lorsque ce sol est en gravier, il faut faire en avant, du côté de la rivière, une tranchée de 40 à 50 centimètres de profondeur et de 40 de largeur N (fig. 12), que l'on remplira de terre grasse bien pilonnée, pour empêcher les eaux de s'infiltrer entre le déblai et le remblai.

Le corps de digue indiqué par la lettre O et par des hachures verticales dans la fig. 14, peut être

---

(1) On trouvera au chapitre des irrigations la description et les dessins de deux instruments fort utiles et très expéditifs pour trancher et pour lever les gazons.

formé avec des graviers fins extraits de la rivière, et que l'on mélange de terre ou de limons le plus possible, ou par des déblais de terre de qualité inférieure quand on en a à proximité ; les plus grasses sont les meilleures ; les sables n'y sont pas propres, à moins qu'ils ne soient gras. Quand on ne peut obtenir des terres convenables pour ce travail sans de grands transports, le mieux est de creuser un fossé très-évasé en arrière de la digue, comme il est indiqué par les lettres P, P, ce qui évite tout transport.

On lui donne beaucoup de largeur et des pentes douces et arrondies, d'abord, pour obtenir une plus grande quantité de terre végétale, nécessaire pour les revêtements de la digue, et pour assurer la prompte reprise des gazonnements, qui sont la garantie de l'ouvrage ; ensuite, pour pouvoir cultiver ces fossés et en tirer produit ; tandis que la place qu'ils occupent serait improductive si ils étaient creusés comme les fossés ordinaires.

La largeur de ces fossés doit être à peu près égale à celle de la base de la digue, et leur profondeur doit être telle qu'ils puissent fournir le remblai du corps de cette digue, pour éviter les transports, qui sont toujours une cause de grande dépense.

On commence par lever les gazons qui s'y trouvent ; puis, ensuite, la terre végétale, et on en forme des dépôts continus, en dehors du fossé, du côté du pré ou du champ ; puis on enlève la masse de terre inférieure de la profondeur du fossé, indiquée par la lettre R et par des hachures verticales, et on l'emploie vis-à-vis à former le remblai O du corps de la digue en hachures horizontales.

Ce remblai doit avoir la même forme que la digue, sauf l'épaisseur des revêtements en terre et en gazon sur les talus. Il faut faire ce remblai par couches successives et horizontales de 30 à 40 centimètres d'épaisseur, et, à moins qu'ils ne soient humides, les arroser, puis les tasser également et fortement avec des pilons en bois ou avec les pieds (1).

L'arrosage et le pilonnage ont pour but de prévenir les tassements, et surtout de donner au massif assez de consistance et de fermeté pour résister à la pénétration des eaux, pour le cas où une crue arriverait avant la consolidation et la reprise des gazons de revêtement. On emploie ensuite le bourrelet de terre végétale, réservé sur les banquettes

---

(1) Quand on fait pilonner ou marcher un remblai, il ne faut pas employer les hommes isolément, mais en rang sur toute la largeur du remblai, et les faire frapper ensemble en cadence, au moyen d'un chant quelconque ; parce que les pressions isolées font relever la terre sur les côtés, au lieu qu'en frappant par rang, tout se serre et se tasse également.

de garde, à remplir la tranchée N ouverte sur le devant de la digue ; on l'arrose et on la pilonne avec soin, puis on garnit tout le talus extérieur concave, avec cette même terre végétale, sur 10 à 15 centimètres d'épaisseur, en la battant avec soin. Ensuite, si la terre n'est pas suffisamment humide, on l'arrose bien également, puis on y applique immédiatement les gazons, lesquels, à moins qu'il n'ait plu récemment, doivent toujours, avant leur application, être arrosés du côté de la terre. On les place avec précaution bien jointifs, en les serrant fortement les uns contre les autres, et, quand ils sont un peu ressuyés, on les bat bien à deux reprises différentes, à 24 heures de distance.

L'arrosage et le pilonnage des remblais des digues par couches successives, ainsi que l'arrosage des gazons, leur serrement exact les uns contre les autres et leur battage doivent être surveillés avec un grand soin, parce que ce sont les garanties de la résistance de l'ouvrage à l'action du débordement des eaux, qui est si puissante, surtout quand les rivières sont rapides.

Quand les gazons n'ont pas naturellement assez de consistance pour former un revêtement ferme et résistant par lui-même, et surtout lorsqu'on a à craindre qu'il survienne des débordements avant leur reprise, il faut les piqueter avec des petits pi-

quets de menues branches, de 15 à 20 centimètres
de longueur et de 1 à 2 centimètres de diamètre,
coupés en sifflet par le petit bout, en gardant autant que possible un nœud ou un petit crochet à
la tête ; on les enfonce à fleur du gazon ; on en
met deux par gazon, en diagonale, c'est-à-dire
vers deux angles opposés.

Nous allons citer trois exemples de digues de ce
genre exécutées depuis deux ans contre la rivière
torrentielle de la Loue, qui produit chaque année
de grands débordements, et qui corrode ses rives
et change souvent de lit.

Une digue de terre gazonnée, du système indiqué ci-dessus, a été établie en 1843, à Chissey
(Jura), par nos conseils et sous notre direction,
sur les bords de cette rivière, pour préserver trois
communes de ses débordements ; et, bien que les
habitants qui l'ont exécutée par prestations n'aient
pas suivi exactement les instructions et n'aient pas
achevé convenablement ses extrémités, cette digue,
qui a éprouvé un débordement considérable peu
après son exécution, et plusieurs grandes crues
depuis deux ans, a parfaitement résisté, sans qu'on
y ait fait aucune réparation ; elle n'a éprouvé que
de légères corrosions aux extrémités non termi-
nées. Depuis, il y a quatre mois, la commune voi-
sine, de Chamblay est venue me demander de la di-

riger pour l'exécution d'une digue semblable, **qui** a déjà aussi parfaitement résisté à plusieurs débordements.

J'ai fait exécuter une digue de ce genre, sur le bord de la même rivière, pour garantir une prairie qui appartient à un de mes amis, à Roche, commune d'Arc et Senans (Doubs), que j'habite. Elle a 1 m. 50 cent. de hauteur moyenne ; elle est gazonnée seulement à l'extérieur et sur la moitié du talus intérieur ; sa longueur est de 450 mètres ; elle n'a coûté que 1 franc le mètre courant, non compris les frais de surveillance. Elle a résisté parfaitement aux plus fortes crues et à la grande rapidité du courant vis-à-vis de cette propriété. Une première partie de cette digue, qui avait été exécutée l'année dernière, mais dans laquelle on n'avait pas employé les précautions que je recommande, ayant éprouvé une forte crue au moment où on venait de la terminer, avait été emportée ; refaite depuis avec tous les soins nécessaires, elle a résisté à deux fortes crues, même dans les parties dont le gazonnement n'avait été fait que la veille de l'élévation des eaux ; parce que les gazons étaient fermes et bien humides quand on les avait posés et qu'ils avaient été bien serrés et bien battus.

On peut se dispenser de gazonner le couronnement de la digue et se borner à le semer. Il est bon de placer sur son arête extérieure (côté des champs) une haie continue en épines, parce que, par ses racines, elle consolide la digue et qu'elle donne un produit, et surtout à cause des garanties qu'elle procure dans le cas où des crues extraordinaires surpasseraient le couronnement de la digue. Non-seulement cette haie romprait la vitesse et l'action de la lame d'eau supérieure, et préviendrait par là les brèches, mais encore elle donnerait la facilité de former très-promptement un surhaussement au moyen de fascines feuillées, ou de saucissons de paille que l'on appliquerait, et que l'on attacherait avec des harres, contre le pied de la haie du côté des eaux. La terre végétale provenant de la surface du fossé de déblai, et mise en réserve, s'emploie à recouvrir le talus intérieur de la digue et la surface du fossé pour pouvoir les semer. Les gazons, lorsque le fossé en a donné, s'appliquent au talus intérieur de la digue et au bord même du fossé.

En peu d'années, non-seulement la digue et toute la surface du fossé sont en produit, mais encore par cette disposition, et à raison de l'accroissement de développement qui résulte des plans inclinés, la surface productive est d'un cinquième environ plus grande que ne l'était la surface primitive du terrain occupé par ces ouvrages.

On peut planter des arbres au pied du talus intérieur de la digue ou le long du fossé ; mais il faut éviter d'en planter sur les talus, parce que les pénétrations des racines peuvent faire par la suite des conduits pour les eaux, et qu'un arbre renversé par le vent, plus facilement sur une digue élevée et isolée qu'en terrain uni, peut produire une brèche dangereuse.

Quand on peut former le corps de la digue avec des graviers, on y trouve deux avantages : le premier est d'économiser la bonne terre et d'éviter la fouille d'un fossé, et le second de prévenir les percements par les trous de taupes ; mais il faut que ce gravier ne soit pas trop gros, et le mélanger de terre, surtout du côté de l'eau.

Quand on manque de gazons pour les revêtements des talus de la digue, on se borne à gazonner le talus extérieur, et on sème le talus intérieur et le fossé. On peut pour ce second talus employer un mode de gazonnement économique en échiquier, c'est-à-dire en se bornant à établir des bandes verticales et horizontales de 30 cent. de largeur qui se coupent d'équerre et qui laissent entre elles des intervalles d'un demi-mètre en terre (fig. 13). Ils s'herbent promptement et complètent alors le revêtement sans frais. Par ce procédé 1^m 20 quarré de gazon suffit pour gazonner 2 mètres carrés de talus.

Précautions et garanties pour leur conservation.

— Lorsque le courant dont on craint les irruptions, et que la digue est destinée à contenir, est fort et très-rapide, il convient d'ajouter des ouvrages défensifs aux parties contre lesquelles ce courant peut venir frapper avec le plus de force. Ces ouvrages consistent dans des épis en terre liante qui se rattachent au corps de la digue et qui descendent en pente douce sur la banquette de garde en lignes courbes, obliquant vers l'aval, comme on les voit indiquées par les lettres S S dans la fig. 11. Leur courbure vers l'aval a pour but d'empêcher qu'elles soient offensives pour la rive opposée. Ces épis vont en diminuant de hauteur à mesure qu'ils descendent de la digue vers la banquette de garde gazonnée G G, avec laquelle leur extrémité doit se fondre insensiblement ; on leur donne de chaque côté des talus très-doux, on arrondit le sommet rampant et on gazonne le tout avec de bons et forts gazons bien battus.

Quand la banquette de garde manque, et quand on craint des affouillements au pied de la digue par la rapidité du courant, on fait le long du pied menacé un clayonnage parallèle à la digue ; pour cela on établit une tranchée le long du pied de son talus extérieur, on y établit le clayonnage, qui ne doit pas s'élever de plus de 10 centimètres au-dessus du pied du talus de la digue, on remblaie en gravier puis en terre par-dessus. La profondeur de ces clayonnages doit être en rapport avec la puissance des corrosions que l'on a à craindre. On doit les incliner du côté du terrain, pour qu'ils résistent mieux à la charge du remblai et pour diminuer l'action du courant contre leur face extérieure.

Lorsque l'extrémité inférieure d'une digue ne s'appuie pas à un terrain élevé au-dessus des inondations, ou à des digues déjà existantes, il est indispensable de la fortifier. Pour l'empêcher d'être entamée, on lui donne la forme d'un cône tronqué dont la face antérieure , ou talus, du côté du courant, se raccorde tangentiellement avec le talus de la digue et avec la banquette de garde, et dont la masse forme en arrière un élargissement avec un empattement conique pour former musoir, comme l'indique la fig. 14.

Le sommet ou le couronnement de ce cône tronqué doit avoir en largeur un diamètre double au moins de la largeur du couronnement de la digue ; ses talus , qui doivent être très-inclinés pour être mieux garantis contre l'action des eaux, doivent avoir une largeur de base égale à deux fois au moins la hauteur de la digue en ce point. Les pentes de ces talus doivent être concaves dans leurs parties inférieures, comme celles de la digue, pour mieux se raccorder avec la banquette et le sol d'assiette ; on les gazonne en gazons très-forts et très-épais, piquetés chacun avec quatre broches de 30 millimètres de longueur.

Son massif doit être entièrement composé en terre forte, arrosée et bien pilonnée par couches et non en gravier. Les précautions et les dispositions préalables d'exécution pour la mise en réserve des gazons et de la terre végétale, sont les mêmes que pour le corps de la digue, mais il faut éviter de creuser le sol et de faire des fossés en arrière de ce musoir. Quand on ne forme pas immédiatement des digues en retour pour enceindre les propriétés, il est bon d'établir en arrière du musoir de petites levées gazonnées T T pour empêcher les eaux de le tourner de trop près, en attendant l'exécution des levées en retour, ou la continuation de la digue.

Si une crue arrivait avant que l'ouvrage fût terminé, il faudrait se hâter de régler en talus très-incliné l'extrémité de la digue exécutée, la revêtir de gazons provisoires bien piquetés, et planter un rang de grands et forts piquets inclinés et appliqués sur ce talus pour maintenir les gazons.

Pour empêcher que les eaux pluviales des terrains situés en arrière des digues destinées à prévenir les inondations n'y restent stagnantes, il faut avoir soin d'établir dans la digue, vis-à-vis les parties les plus basses, des buses en planches épaisses de chêne, passées à l'huile chaude ou au bitume chaud sur toutes leurs faces, avant leur assemblage. On met à l'entrée de ces buses une petite vanne composée d'une seule planchette qui descend dans une coulisse formée par des tasseaux cloués contre les planches verticales qui forment saillie. Pour que les eaux, lors des crues, ne s'infiltrent pas le long des parois de ces buses, on cloue sur leurs faces extérieures, de distance en distance, de forts tasseaux en bois, et en mettant la buse en place on l'enveloppe de terre grasse bien battue.

Ces buses peuvent aussi servir au besoin à introduire des eaux de la rivière sur les terrains situés derrière la digue, pour les arroser ou pour les limoner.

IVme SECTION.

Des Corrosions.

Il y a deux sortes de corrosions : les premières sont celles que produisent les petits cours d'eau à pentes rapides qui creusent leurs lits et leurs rives irrégulièrement, suivant les différences de résistance du terrain qui les compose.

Les secondes sont les corrosions produites par les rivières qui ne sont pas régulièrement encaissées et qui ont des pentes rapides.

Leurs variations fréquentes de direction, les sinuosités souvent brusques et de petits rayons de ces sortes de rivières, et les irrégularités de résistance de leurs fonds, produisent des changements continuels d'action, surtout lors des crues ; il en résulte des variations fréquentes de profondeur par suite de creusements dans quelques parties et de relèvements dans d'autres. Le courant, forcé par ces changements de prendre des directions nouvelles, attaque et corrode ses rives. Lorsque l'une d'elles est entamée, les sinuosités de petite courbure qui en résultent produisent, par réaction, des réflexions d'incidence qui rejettent le courant avec force sur la rive opposée et l'entament à son tour : en sorte que par les actions et les réactions sans cesse répétées, les irrégularités et les dégradations des rives vont toujours en augmentant.

Quand de fortes rivières sont dans cet état, les réparations partielles sont insuffisantes et à peu près inutiles.

Le seul remède à ces maux est la régularisation

et l'endiguement continu du lit entier, ou au moins des parties du lit comprises entre des points fixes et invariables. Nous ne pouvons, à cet égard, que répéter ici que ce que nous avons dit à l'article des inondations par débordements, savoir : que pour les cours d'eau importants, les travaux à exécuter doivent être faits d'ensemble, sur une certaine étendue, et que l'étude des moyens de régularisation, la création des projets et leur exécution, exigent des connaissances spéciales.

Nous ne pouvons donc encore pour cet objet que renvoyer à notre Mémoire sur les endiguements des rivières torrentielles, et nous borner ici à donner les indications des travaux à faire sur les petites rivières qui corrodent leurs rives et sur les petits cours d'eau qui ravinent, pour garantir les propriétés rurales des dommages que les uns et les autres leur font éprouver.

Des corrosions par les ravins. — Les petits ruisseaux qui ravinent sont ordinairement ceux qui descendent des plateaux élevés, par des pentes rapides sur les flancs des coteaux. Ils corrodent leurs rives irrégulièrement, et les sapant par le pied, ils produisent des éboulements ; puis, quand leurs eaux sont fortes, entraînant les débris accumulés de leurs rives, elles déposent les plus gros sur les champs inférieurs ou les chemins, et le reste dans les rivières où elles débouchent et dont à la longue elles obstruent le courant.

Pour remédier à ces maux, il ne s'agit que de paralyser l'action qui creuse et sape irrégulièrement le lit et les rives de ces ravins ; on y parvient en établissant de distance en distance, dans les parties de leur cours qui présentent le moins de difficultés, de petits barrages en travers de leurs lits ; on choisit de préférence les étranglements situés à l'aval des évasements produits par les plus grands éboulis, parce que ce sont les parties qu'il importe le plus de garantir des corrosions et celles qui y sont le plus exposées par la mobilité du sol ; tandis que les rétrécissements du lit indiquent les points où le terrain présente le plus de résistance et de stabilité, et ceux où les barrages peuvent être établis avec le plus de solidité, et en même temps avec le moins de dépenses, parce qu'ils sont moins longs et moins exposés à être tournés que dans les autres endroits.

Ces barrages que l'on fait en grosses pierres brutes, sont formés en arcs de cercle de forte courbure, de manière que la flèche U, fig. 15, soit au moins le cinquième de la corde V V de l'arc. Ainsi, pour une largeur de barrage de 16 mètres entre les berges, la flèche serait de 2 mètres et le rayon de l'arc de cercle de 18 mètres. Il faut établir leur fondation assez profondément, en creusant jusqu'au terrain solide : on incline le fond de cette tranchée en dedans, d'équerre, sur l'inclinaison du talus, et on établit également toutes les assises d'équerre au talus; placées de cette manière elles ont plus de stabilité et beaucoup plus de résistance, attendu que pour que la pression de la charge des terres et des eaux fasse sortir les pierres d'une assise en dehors, il faut qu'elle les fasse remonter sur leur pente et qu'elle soulève les assises supérieures.

La disposition conseillée pour les inclinaisons des fondations et des assises, se voit par la fig. 17, qui représente la coupe en travers d'un de ces barrages sur son milieu.

Le soin le plus essentiel à prendre pour assurer la durée de ces barrages est de les enraciner profondément de chaque côté dans les deux rives, afin qu'ils ne soient pas tournés et déchaussés latéralement par les eaux, qui alors les ruineraient en peu de temps. Ces enracinements, ou prolongements, sont indiqués dans la fig. 16, qui représente le plan d'un de ces barrages, et y sont indiqués par les lettres X X.

Les barrages peuvent être construits en pierres ou en bois, selon les localités.

Quand on a de grosses pierres, on les emploie

brutes, à sec, et on les place toutes en queue, en les inclinant en arrière comme nous l'avons dit plus haut : quand on arrive à la dernière assise, on la fait plus basse au milieu que sur les côtés, pour obliger les eaux à suivre l'axe du canal, et les empêcher d'attaquer les rives et de déchausser les encaissements latéraux ; on met au milieu une large pierre plate Y (fig. 16, 17 et 18), que l'on fait saillir au delà du talus de 15 à 20 centimètres, et on garnit les deux côtés de pierres très-fortes, plus élevées de 30 à 40 centimètres que la bavette Y, pour que le couronnement du barrage forme une courbe concave, comme on le voit dans la fig. 18, qui représente un barrage vu d'aval.

Quand on n'a que de petites pierres ou des briques, on les maçonne avec du mortier hydraulique, pour augmenter leur résistance ; mais il faut toujours que le couronnement soit en grosses pierres, pour résister au courant.

Quand on veut employer du bois, il faut former le barrage en chevron présentant son angle en amont. On plante de forts piquets sur les côtés des enracinements et devant le barrage, en leur donnant une inclinaison à l'amont, du cinquième de leur hauteur ; puis on place derrière des pièces de bois à plat, les unes sur les autres, en enfonçant leurs extrémités dans les tranchées latérales, et on les recouvre d'une forte pièce courbe pour former la cuvette du milieu (fig. 19 et 20).

Soit que les barrages s'exécutent en pierres brutes et à sec, soit qu'ils se construisent en bois, il n'est nullement nécessaire qu'ils soient étanches; les eaux des ravins bouchent bientôt tous les interstices par les graviers, les terres ou les sables qu'elles amènent. Ces matières s'élevant en peu de temps au niveau du sommet du barrage, il en résulte alors que sur une certaine longueur, en amont, le lit du ruisseau a une pente très-douce, et que le courant d'eau, étant régularisé et centralisé par la direction que lui donne l'abaissement de la cuvette au milieu, il n'attaque et ne corrode plus les rives qui, devenant stables, se couvrent de végétation. Quand le ravin a peu de longueur un seul barrage près de son débouché peut suffire; quand il est long il en faut plusieurs, alors des barrages semblables étant établis de distance en distance, le lit se compose d'une suite de chutes dont l'ensemble forme une espèce d'escalier représenté dans la figure 23. Alors n'ayant plus de vitesse et étant régularisé, le ruisseau ne produit plus de corrosion et n'entraîne plus ni terre, ni gravier dans le bas. Pour que les vides en arrière des barrages se remplissent facilement, il faut exécuter d'abord le plus bas et ne construire le second au-dessus que quand le premier est rempli, et ainsi de suite. Il importe d'empêcher que les chutes d'eau qui ont lieu à chaque barrage n'affouillent à leurs pieds et par là ne compromettent leur durée. Pour cela, quand on a de grosses pierres, on en forme au pied de chaque barrage un bon enrochement, sur lequel les eaux tombant de sa bavette, s'amortissent et perdent leur action destructive.

Quand on n'a pas de pierres assez fortes pour cet usage, on forme au pied de chaque barrage un bassin creux, au moyen de petits barrages Z Z, soit en pierres, fig. 21, soit en bois, fig. 22, que l'on établit à trois ou quatre mètres à l'aval du pied des grands barrages ; mais on ne leur donne qu'une hauteur de 50 à 60 centimètres. Il faut que ces petits barrages soient étanches pour retenir l'eau qui, en formant bassin, amortit l'action de la chute.

Quand le ravin amène des pierres ou des cailloux, il s'en forme bientôt au fond de ces petits bassins un lit qui remplit l'office d'enrochement. Lorsqu'il n'en amène pas, et qu'on en trouve à proximité, il est bon d'en former un lit au fond de ces bassins, en l'inclinant d'aval en amont, comme on le voit dans les fig. 21 et 22.

Par ces travaux, faciles à exécuter et peu dispendieux, on arrête entièrement les corrosions des ravins, on préserve les terrains supérieurs des éboulements que causent les corrosions qui se font à leurs pieds, on garantit les chemins des amas de graviers et de sables que les ravins y jettent. On préserve les champs inférieurs et les rivières auxquelles leurs eaux se rendent, des dépôts qu'y forment les matières qu'ils charrient, et on ramène ces ravins à l'état de ruisseaux inoffensifs.

Des rivières et ruisseaux qui corrodent leurs rives. — Lorsque des terrains qui bordent des ruisseaux, ou de petites rivières dont le cours est sinueux et irrégulier, et qui ont une pente rapide, en éprouvent des corrosions, il faut d'abord corriger, autant que possible, les sinuosités les plus prononcées et trop brusques, par des redressements et des rectifications de lit en ligne droite, quand cela est possible, et quand on ne le peut pas, avec des courbes de grand rayon (fig. 10); mais il faut pour cela être propriétaire des deux rives sur une assez grande étendue, ou obtenir l'assentiment des riverains sur les terrains desquels ces travaux doivent s'étendre.

Rectifications des lits trop sinueux. — Quand on peut faire ces rectifications de lit, il faut établir les berges du lit rectifié en pentes douces de 1 mètre au moins à 2 mètres au plus de pente, pour 5 mètres de largeur, et gazonner ces pentes avec des gazons épais bien battus et bien piquetés. Les rives ainsi établies sont inattaquables par les plus forts courants, elles sont productives et n'exigent aucun entretien.

Si les terrains riverains sont submersibles par les grandes crues, il faut établir, au sommet des plans inclinés gazonnés dont sont formées les nouvelles berges, de petites digues en gravier ou en terre, gazonnées, et exécutées comme on l'a indiqué ci-dessus pour les digues destinées à garantir des débordements, en raccordant les pieds du talus de ces digues avec les berges inclinées ; alors le lit ordinaire compris entre le lit des berges gazonnées est le lit mineur, ou des basses eaux, et le lit majeur des grandes eaux est l'espace compris entre les digues.

En conséquence, il faut établir les petites digues à des distances telles des rives des basses eaux, que le volume des plus grandes eaux puisse être contenu dans l'intervalle qui les sépare. Avec ce moyen si simple et si peu dispendieux, on peut garantir complétement les terrains riverains des rivières, même torrentielles, de toute corrosion et des inondations.

Si faute d'accord entre les propriétaires intéres-

sés à la régularisation du lit de la rivière, ou faute
de posséder les deux rives sur une assez grande
étendue, on ne peut pas faire de rectification de
lit, et lorsque, par des causes quelconques,
chaque propriétaire est réduit à se défendre par-
tiellement de son côté, il y a lieu de distinguer les
divers partis à prendre, selon les circonstances différentes qui peuvent se présenter.

Moyens de remédier aux corrosions partielles. —
Ainsi les corrosions qu'éprouvent les champs, ou
les prés qui bordent les rivières, peuvent être en
quelque sorte régulières, et les enlèvements du sol
peuvent se faire parallèlement à la direction générale du courant, ou irrégulièrement par des enfoncements sinueux et irréguliers.

Les enlèvements du terrain peuvent se faire par
couches et par entraînement de la terre végétale,
ou par des arrachements à pic des berges, sur des
hauteurs plus ou moins grandes.

Quand les corrosions sont régulières, les ouvrages destinés à préserver le terrain de la continuation et de l'accroissement des corrosions
sont simplement conservateurs; ils doivent être
établis parallèlement aux directions générales du
courant en lignes droites et en grandes courbes.

On peut les faire en pierres, en fascinages, en
clayonnage, ou simplement en talus gazonnés. Le

dernier mode est ordinairement le plus facile, le moins dispendieux à exécuter et à entretenir, et le plus stable; il est en outre le seul productif, il doit donc être préféré toutes les fois qu'il est possible.

Les clayonnages et les fascinages sont assez dispendieux et ont l'inconvénient d'avoir peu de durée, parce que les bois alternativement mouillés et séchés se détériorent promptement.

Les murs en pierres sèches, ou maçonnés, sont chers, exigent des fondations souvent difficiles et toujours dispendieuses, et des enrochements pour garantir leurs pieds contre les dangers des affouillements; en outre, les résistances brusques que présentent les murs et les saillies irrégulières que forment les enrochements, tendent à augmenter l'action du courant, en sorte que presque toujours la profondeur du lit s'accroît à leurs pieds, et qu'on est pendant de longues années obligé d'entretenir et de recharger ces enrochements, pour combler les excavations qui s'y forment et qui feraient écrouler tout l'ouvrage si l'on n'y remédiait pas à temps.

Ce système de défense, si généralement employé et cependant tout à fait vicieux, selon nous, peut être pratiqué dans les travaux aux frais de l'état; mais il serait ruineux pour les particuliers.

Les revêtements en perrés, des rives exposées aux corrosions, que l'on commence à substituer dans beaucoup d'endroits aux murs, même pour les remblais, nous paraissent bien préférables; d'abord parce qu'ils sont moins dispendieux, et ensuite parce qu'à raison des fortes inclinaisons de leurs talus, ils résistent mieux aux actions des courants, déterminent moins de creusements et qu'ils augmentent la largeur du lit à mesure que les eaux s'élèvent; mais ils ont aussi plusieurs inconvénients assez graves : il leur faut des fondations solides, et souvent aussi des enrochements pour protéger leurs pieds; de plus ils exigent une surveillance assidue, parce qu'à raison du peu d'épaisseur et de la faiblesse de liaison de l'assise simple des pierres dont se composent les perrés, dès qu'ils sont entamés, ils sont compromis, et souvent sont détruits sur de grandes longueurs dans une seule crue, avant qu'on puisse les réparer.

Quand la rive qu'ils sont destinés à protéger et contre laquelle on les applique après l'avoir régularisée, est un terrain tendre ou mobile, on est obligé, pour donner une assiette stable à leur base, d'établir des racineaux continus en fortes pièces de bois, supportées par des pieux enfoncés au mouton.

Ces ouvrages sont donc encore trop dispendieux

pour que nous les conseillions aux propriétaires et aux cultivateurs; néanmoins, comme ils peuvent être avantageux dans quelques cas particuliers, et surtout quand on a de bonnes pierres à proximité, nous donnerons en passant un conseil sur une précaution importante à prendre pour prévenir leur dégradation et leur ruine. Quand on les fait, par économie, en pierres sèches, il arrive souvent que les eaux du courant clapotent dans les intervalles des pierres du perré, en y rentrant et en en ressortant sans cesse, par suite de l'agitation qu'elles éprouvent presque toujours sur les rives, surtout lorsqu'il fait du vent; alors elles délavent et entraînent progressivement le terrain sur lequel repose le perré et y occasionnent des affaissements dangereux : un bon mortier hydraulique préviendrait ce danger, mais à grands frais.

On peut remplir le même but plus économiquement, en garnissant tous les vides et tous les joints des pierres, à mesure qu'on les pose, soit avec de l'argile mêlée de deux fois son volume de sable, soit avec de bonne terre franche ou de la terre à pisé, c'est-à-dire une terre argilo-sableuse mêlée de petits graviers; on emploie ces différentes terres de la même manière que le mortier, après les avoir gâchées ferme préalablement. Par ce moyen on assure à peu de frais les perrés contre les dangers

que nous avons signalés pour ceux qui sont simplement à pierres sèches.

Revenant maintenant aux moyens économiques,
qui conviennent aux agriculteurs, nous dirons que
quand un terrain est écorché par les corrosions,
c'est-à-dire quand la terre végétale est délavée et
enlevée par l'action des hautes eaux (ce qui n'arrive qu'aux berges basses), le mieux est d'empêcher l'entrée des eaux sur ce terrain, par des digues en gravier et terres gazonnées, établies en
arrière d'une banquette inclinée et gazonnée,
comme celles que nous avons conseillées et décrites
à l'article des garanties contre les débordements.

Quand les berges sont élevées et corrodées par
sections verticales (effet qui arrive quand les eaux
sapent ces berges par la base, et les font ainsi
ébouler successivement par tranches), il faut employer à la fois deux moyens de préservation. Le
premier a pour but de garantir le pied des berges
de l'action corrosive, il consiste à battre en avant
de ce pied, sur la rive entamée, de forts piquets
inclinés du quart au tiers de leur hauteur du
côté de la rive ; on donne à ces pieux la hauteur
du niveau des hautes eaux, et on les clayonne avec
de la baguette de brin ; il faut avoir soin d'enraciner ces clayonnages, surtout à l'amont dans le
terrain solide, en les y faisant entrer en retour

dans des tranchées que l'on remplit ensuite en gravier pilonné, pour empêcher le courant de pénétrer derrière ces ouvrages.

Quand on veut assurer la durée de ces clayonnages, on fait les pieux en grosses branches de bois aquatique, comme peuplier, saule, aulne, etc.; et on les plante en automne ou au commencement du printemps, en ayant soin de mettre le gros bout en bas et de préparer les trous avec un avant-pieu, pour qu'ils ne s'écorchent pas trop, parce qu'alors ils s'enracinent, et que végétant ils sont bien plus durables.

Les directions des clayonnages doivent être tracées parallèlement aux directions générales de l'axe de la rivière, en alignements ou en courbes d'assez grands rayons, et on les place un peu en avant du pied des berges à défendre (fig. 24 et 25).

Ces clayonnages étant ainsi établis, on emploie le second moyen de préservation, qui consiste à abattre la berge coupée à pic, de manière à lui donner un talus régulier; on commence par enlever et mettre en réserve les gazons et la terre végétale de la superficie de la partie à couper en arrière du bord corrodé, en prenant à peu près une largeur égale à la hauteur de la berge, puis on la coupe en talus, en jetant les terres contre le clayonnage que ce remblai épaule et rend étanche, et on le pillone à mesure qu'il s'élève au-dessus de l'eau. Le talus étant réglé, on y étend la terre végétale réservée, puis on la gazonne ou on la sème ; lorsqu'on peut avoir des pierres, des cailloux, ou des graviers, il est bon d'en mettre un lit en dedans du clayonnage avant d'y jeter la terre du talus.

Une berge, ainsi formée, devient tout à fait stable, et n'a plus rien à craindre de l'action des eaux, surtout quand les piquets végétants forment une plantation enracinée continue, très-résistante et productive.

La fig. 24 représente la section transversale d'une berge corrodée à pic, indiquée par des hachures légères : le clayonnage et le remblai, en talus, y sont tracés par des lignes plus fortes et plus noires ; lorsque les berges sont corrodées irrégulièrement et forment des sinuosités prononcées et des anses, il faut couper les anses et les sinuosités en donnant des directions plus régulières aux lignes de clayonnage, que l'on établit comme on l'a indiqué ci-dessus. Seulement comme ces sinuosités indiquent des actions directes et prononcées du courant en un point, ou de forts remous, il faut y employer des piquets plus forts et les planter plus profondément. Quelquefois, quand l'action des eaux est très-puissante, il est bon de faire le clayonnage double (fig. 25), en plaçant le second rang d'un demi-mètre à un mètre de distance des premiers, mais sans lui donner d'inclinaison en arrière ; on le plante verticalement, en sorte que l'espace compris entre les deux rangs est plus large du bas que du haut ; on remplit cet espace de gros gravier en ayant soin de former à mesure et à égale hauteur le remblai en terre derrière le second rang, pour l'épauler ; on termine en reliant de distance en distance les têtes des piquets des deux rangs de clayonnage par des traverses en grosses branches fixées par de bonnes barres, des chevilles, ou des crossettes, pour les rendre solidaires.

Quand les sinus ou coudes, coupés par les clayonnages, sont larges et profonds, les terres des berges sont insuffisantes pour les remblayer ; alors on peut se borner à former derrière le clayonnage un simple remblai d'épaulement en gravier, pierrailles ou mauvaise terre, en arrière du second rang, et on peut attendre une occasion favorable pour achever le remblai, ou le laisser compléter progressivement par les dépôts de sable et de limon ; il est bon, dans ce cas, de placer à travers les clayonnages et au niveau des eaux moyennes de petites buses en bois formées de planches clouées ensemble, et munies de petites vannes pour l'introduction des eaux des crues chargées de graviers, sables et limons, dans l'espace vide resté en arrière.

Lorsque les sinus ou coudes, coupés par les clayonnages, ont de trop grandes profondeurs pour que l'on puisse les clayonner jusqu'au fond, soit à cause de la trop grande hauteur d'eau à traverser, soit à cause des cavités partielles et des irrégularités du fond ; il faut commencer par remplir ces cavités en fortes pierres, jusqu'à la hauteur nécessaire pour obtenir un fond uniforme, en chargeant plus sur le devant, du côté du courant que sur le derrière, pour que la surface de ce fond régularisé présente un plan incliné du côté de la rive. Sur ce fond, on met un double rang de fascines en plaçant leurs plus gros bouts du côté du courant ; on les relie ensemble avec des traverses et des barres, pour former un lit, et on le charge de gravier également pour l'échouer à fond, en donnant toujours plus d'épaisseur sur le devant ; on met ensuite un second lit semblable, puis un troisième au besoin, jusqu'à ce qu'on atteigne la hauteur à laquelle on puisse clayonner, c'est-à-dire le niveau des eaux basses ; alors on plante les piquets dans le fascinage, puis on clayonne et on fait le reste du travail comme à l'ordinaire (fig. 26).

Ces fascinages sont durables parce qu'ils sont constamment submergés.

Il arrive quelquefois que le bord de la rivière, sur lequel on veut établir une rive artificielle et résistante pour se garantir des corrosions, est en rocher ; alors on établit un lit de fascinage de la même manière que dans le cas précédent, en l'inclinant en arrière, et en lui donnant une épaisseur suffisante pour pouvoir y planter les piquets de clayonnage, mais il faut charger les queues du lit des facines en arrière des piquets, d'une masse de pierres ou de graviers, suffisante pour empêcher le soulèvement par les eaux, puis on recharge en terre par-dessus et on gazonne le devant (fig. 26).

Quand le courant, qui corrode, a peu de profondeur, on peut se borner à former la berge artificielle avec des peupliers entiers, munis de toutes leurs branches ; on les couche parallèlement au courant en plaçant à l'amont les racines que l'on engage dans le terrain solide, et on les maintient par de forts piquets placés en dedans et en dehors, et qu'on relie deux à deux ; on peut mettre ainsi deux ou trois peupliers les uns au-dessus des autres, en diminuant de grosseur ; ensuite on remblaie derrière en pierres, puis en gravier et en terre.

CHAPITRE II.

DES EAUX UTILES POUR L'AGRICULTURE, ET DES PROCÉDÉS A SUIVRE POUR LEUR BON EMPLOI.

On peut employer les eaux en agriculture :

1° A abreuver les prairies, les champs et les bois ;

2° A garantir les prés de l'action de la gelée et à y maintenir une végétation lente, mais continue, en les baignant par une nappe mince et courante ;

3° A transporter et à répandre des amendements ou des engrais que l'on y mêle à l'état de dissolution ou de suspension, ou bien dont elles se trouvent naturellement chargées, comme les vases et les limons fécondants.

4° A faciliter par l'amollissement du sol, l'extraction et la récolte des racines ; ainsi que les labours, et à accélérer la germination des semences ;

5° A former des réservoirs et des étangs permanents ou temporaires ;

6° A créer des forces motrices que l'on peut employer à élever des eaux au-dessus de leur niveau naturel, ou à diverses industries agronomiques.

En indiquant les usages des eaux pour l'agriculture, nous ne faisons pas de distinction de leurs qualités, parce qu'ayant indiqué, dans le chapitre précédent, les moyens de corriger les défauts de celles qui ne sont pas bonnes, nous pouvons considérer comme devant être employées utilement toutes celles que l'on peut amener sur des prés, des champs ou des bois.

Les moyens à employer pour abreuver des terrains naturellement arides, ou pour arroser les bons terrains en prairies ou en cultures diverses, diffèrent suivant la nature du sol et surtout suivant les dispositions et les pentes des terrains à arroser.

Nous commencerons par indiquer les divers modes d'irrigations applicables aux prairies naturelles, parce que c'est là l'application des eaux la plus générale et la plus utile.

Nous parlerons ensuite des modifications à faire à ces procédés, pour les autres genres de culture et pour les cas particuliers.

Iʳᵉ DIVISION.

IRRIGATIONS DES PRAIRIES NATURELLES.

Dispositions préalables. — Avant de faire aucun travail pour l'irrigation d'une prairie et en général d'un terrain quelconque, il faut s'être assuré, en employant au besoin les procédés indiqués dans le chapitre précédent, à la section des eaux stagnantes, que les eaux qu'on amènera pour l'irrigation ne séjourneront nulle part, et qu'après l'opération terminée elles s'écouleront complétement, soit par les pentes de la superficie, soit par les fossés, les canaux et les saignées ouvertes pour ce but; soit par les infiltrations quand le terrain est naturellement perméable.

On reconnaît que les eaux manquent des facilités nécessaires pour leur écoulement ou leur absorption, quand on voit sur le terrain des joncs, des prêles ou queues de cheval, des mousses, des laiches, et en général des plantes aquatiques qui, toutes, donnent de mauvais fourrages. Quand elles sont disséminées, et quand le terrain n'est pas spongieux, on peut se dispenser de faire l'extraction de ces mauvaises plantes, qui serait difficile et dispendieuse; il suffit alors ordinairement pour les faire disparaître de détruire la cause de leur multiplication, c'est-à-dire la stagnation des eaux au moyen de fossés et de rigoles d'assainissement, parce que, quand elles ne trouvent plus dans le terrain les conditions naturelles de leur existence, elles périssent et se remplacent promptement par de bonnes herbes qui croissent bientôt dans tout terrain perméable et frais, et dont on peut accélérer la production par des semences de graines de foin, et par des engrais ou des amendements, tels que les cendres (1).

Nous avons vu en Angleterre un terrain récemment relevé au moyen de terres provenant de tranchées larges et profondes, ouvertes dans un terrain marécageux qui avait été recouvert par des gazons levés dans un véritable marais entièrement composé d'herbes aquatiques et notamment d'une grande quantité de joncs. Cette opération commencée depuis quatre ans s'exécutait par portions, en sorte que l'on distinguait facilement l'âge de chacun des revêtements annuels : on voyait encore, dans les gazonnements récents, la totalité des herbes marécageuses; elles diminuaient sensiblement dans les gazonnements d'un an, et les graminées propres à faire de bons fourrages commençaient à s'y mêler. Dans les gazonnements de deux ans la bonne herbe dominait, les joncs avaient disparu entièrement, et les herbes aquatiques devenaient rares; dans les gazonnements de trois ans on n'apercevait plus aucune de ces dernières, et le bon fourrage était abondant et serré.

Néanmoins quand on veut accélérer la dispari-

(1) Nous avons remarqué plusieurs fois que la charrée, ou cendre de lessive, semée sur un pré, y faisait venir du petit trèfle blanc, et de la minette : comme il ne peut pas y avoir de graines dans la charrée, il y a lieu de croire que cette substance favorise beaucoup la germination de leurs graines.

tion des herbes aquatiques, il faut labourer les emplacements qui en sont garnis, à la charrue s'ils sont grands, à la bêche s'ils ont peu d'étendue, et y semer ensuite de la graine de foin. Ces travaux de retournement et de déchirement sont toujours nécessaires quand le terrain est spongieux ou tourbeux, et alors il faut y mêler de la chaux vive.

Quand on a pris toutes les précautions nécessaires pour que les eaux ne puissent s'arrêter et rester stagnantes à la surface, ni entre deux terres, par les moyens d'assainissement indiqués et recommandés précédemment, il faut régulariser autant que possible les surfaces des terrains à irriguer, de manière à faire disparaître les inégalités brusques et à adoucir toutes les irrégularités. Lorsqu'il est déjà en pré, on lève les gazons des terrains à abaisser et celui des bas-fonds à remplir ; on fait le remblai des cavités et des déchirures avec les déblais des monticules, des arêtes saillantes et des ressauts ; puis on replace ensuite les gazons sur les surfaces aplanies et régularisées.

Il n'est nullement indispensable d'établir des pentes entièrement régulières ; c'est assurément le mieux quand on peut les obtenir facilement et sans de trop grands sacrifices, comme, par exemple, quand il s'agit d'un terrain en labour à convertir en prairies, et quand on retourne un vieux pré pour le renouveler ; dans ces deux cas on doit régulariser les pentes par le travail de la charrue, par la bêche, ou par la pelle à cheval, quand le travail est étendu, et surtout quand il y a de longs transports, parce que ces frais, alors peu considérables, sont plus que compensés par les facilités des fauchages et de l'établissement des rigoles d'irrigation, et par la plus grande égalité dans la distribution des eaux et dans leur écoulement.

Mais lorsqu'une prairie existe et qu'elle est bonne, on peut se borner à des aplanissements partiels, sauf à faire onduler les canaux et les rigoles d'irrigation, dont l'effet est suffisamment bon quand les ondulations ne sont pas trop petites et trop multipliées.

Il faut aussi avoir soin d'araser toutes les taupinières anciennes ou nouvelles et toutes les petites buttes que forment certaines graminées fortes et touffues qui poussent par troches et qui donnent un fourrage dur : on sème la terre de ces arasements sur le pré qui en profite et surtout dans les cavités, et dans les empreintes des pieds du bétail.

Le choix des modes d'irrigation qu'il convient d'appliquer à chaque prairie dépend surtout de ses pentes.

Ire SECTION.

Des Irrigations par submersion.

Quand une prairie est horizontale ou de niveau, comme il arrive pour celles que l'on établit sur des fonds d'étangs ou d'anciennes pièces d'eau, ou par une disposition naturelle du terrain, qui est assez rare; ou bien quand, sans être tout à fait horizontale, elle a des pentes très-douces, qu'elle est régulière et que le terrain est de bonne nature, non marécageux, et qu'il produit de bons fourrages, le meilleur mode d'irrigation est celui de la submersion en nappe générale et dormante sur toute la surface du pré.

Pour cela il faut que le pré soit entouré complétement de banquettes de 30 centimètres au moins d'élévation. Quand il n'en existe pas naturellement, il faut en établir; pour cela le meilleur moyen est de creuser au pourtour de la prairie un fossé continu de largeur et de profondeur suffisantes pour procurer le déblai nécessaire au remblai de la banquette. Il suffit de donner 20 centimètres de largeur au sommet ou couronnement de ces banquettes et on fait leurs talus à 45 degrés, c'est-à-dire qu'on leur donne autant de largeur que de hauteur.

Pour établir les fossés et les banquettes, en évitant les transports de terre par économie, on suit les mêmes procédés que nous avons indiqués pour la formation des digues dans le chapitre précédent, c'est-à-dire que l'on établit les fossés de manière à ce que le talus du côté de la banquette fasse suite à son talus intérieur, et l'on évase le talus opposé en le raccordant en pente douce et arrondie avec le terrain de la prairie pour le rendre productif.

Le mieux est d'établir la banquette sur le bord extrême de la prairie où elle forme clôture et enceinte, surtout en la couronnant d'une haie, et on met le fossé en dedans pour deux motifs, le premier c'est qu'il sert à faciliter l'écoulement des eaux de la nappe quand on la retire, et à bien égoutter la prairie; le second, c'est qu'au moyen de l'évasement et de l'arrondissement de son talus intérieur, il lui fait suite et se fauche en même temps et aussi facilement qu'elle.

Pour que le fossé d'enceinte serve à l'écoulement des eaux et l'assure complétement, bien que la prairie soit presque horizontale, on lui donne une pente suffisante en le faisant de très-petite dimension à son origine et en augmentant progressivement sa profondeur et sa largeur, depuis la partie supérieure du pré par laquelle entrent les eaux, jusqu'à l'ouverture de sortie. Il y a ainsi deux directions séparées pour l'écoulement des eaux d'enceinte : l'une prend son origine à la gauche de la vanne d'introduction des eaux d'irrigation, A (fig. 27), et suit les fossés de gauche jusqu'à la vanne de décharge, B; l'autre prend naissance à la droite de l'entrée des eaux et suit les fossés de droite jusqu'à la sortie. Les vannes doivent être larges pour pouvoir couvrir d'eau la prairie en peu de temps, et pour l'évacuer rapidement; les petites flèches indiquent les directions des pentes des fossés; on y voit aussi qu'il convient pour faciliter l'écoulement des eaux d'arrondir les fossés aux angles de l'enceinte de la pièce.

La figure 29 représente la coupe de la banquette et du fossé de faible profondeur, à peu de distance de la vanne d'introduction des eaux, sur la ligne $c\ d$ à la figure 29, et de la section de la banquette et du fossé un peu au-dessus de son arrivée à la vanne de sortie sur la ligne $e\ f$, où le fossé a sa plus grande largeur et son maximum de profondeur.

En établissant les fossés et la banquette, il faut avoir les mêmes soins que nous avons recommandés dans le premier chapitre pour les digues et les fossés qui servent à les former, c'est-à-dire qu'il faut commencer par lever la totalité des gazons existants sur les surfaces à déblayer et à remblayer, puis la terre végétale que l'on met en dépôt, en la partageant en deux bourrelets continus, l'un en dehors de la banquette pour servir à recouvrir ses talus avant de les gazonner, et l'autre en dedans du bord intérieur de l'évasement du fossé pour en recouvrir également sa surface.

Les dispositions que nous venons d'indiquer suffisent pour arroser par nappe et submersion générale un terrain à peu près de niveau; mais lorsque la pièce à arroser a une assez grande étendue, et quand sa pente, bien que faible, est telle qu'il y ait une différence de plus de 30 centimètres de hauteur de l'amont à l'aval, il faudrait une grande quantité d'eau pour que la nappe couvrit suffisamment les parties supérieures, et elle aurait à l'aval un excès de hauteur qui serait plus nuisible qu'utile. Il en résulterait en outre le triple inconvénient d'employer sans utilité réelle une quantité bien supérieure au volume nécessaire pour une bonne submersion; d'exiger beaucoup plus de temps pour le remplissage et pour l'évacuation des eaux; et enfin une grande élévation de la banquette dans la partie inférieure du pré. Dans ce cas, pour remédier à ces inconvénients, on établit en travers du pré, et transversalement à la ligne de plus forte pente, de petites digues allant d'un côté de la banquette d'enceinte à la banquette du côté opposé et se reliant avec l'une et avec l'autre : les hauteurs de ces petites digues transversales doivent être telles que leur couronnement soit de 30 centimètres plus haut que la superficie de la partie la plus élevée de la portion de la prairie située au-dessus de chacune d'elles.

On les exécute comme les banquettes au moyen de petits fossés situés immédiatement à l'amont de chacun de ces petits barrages; on donne à ces petits fossés des pentes régulières à partir de leur milieu vers chacun des fossés d'enceinte, l'une à droite, l'autre à gauche, de manière à ce qu'ils puissent y conduire leurs eaux quand on les évacue, et à les bien égoutter.

Les petits barrages dont on vient de parler, dont les couronnements gazonnés doivent être parfaitement de niveau, sont indiqués dans la figure 27, par les lettres CC et leurs petits fossés par les lettres DD. On établit de petites vannes de décharge E, aux deux extrémités de chaque barrage dans l'endroit où ils rencontrent les fossés d'enceinte, pour servir à évacuer les eaux des nappes partielles, vers le débouché commun de la grande vanne de décharge B.

Le nombre de ces barrages dépend de la pente générale de la prairie. Il doit y en avoir un seul

au milieu, quand la pente totale de la prairie de l'amont à l'aval n'est que de 70 à 80 centimètres ; il en faut deux, quand elle est de 1 mètre 20 à 1 mètre 50 cent. ; trois quand elle est de 2 mètres, **et ainsi** de suite, à raison d'un barrage pour chaque hauteur de 30 à 40 centimètres en sus des 40 premiers centimètres qui sont la mesure de la nappe inférieure. La figure 27 représente une prairie à deux barrages intermédiaires ; et par conséquent d'une pente totale de 1 mètre 20 à 1 mètre 50 centimètres.

Par ce moyen on est assuré de pouvoir couvrir toute la prairie d'une nappe de 10 centimètres au moins de hauteur, sur les parties les plus élevées, et cela en n'employant que le volume d'eau strictement nécessaire.

Le profil de la prairie, sur sa ligne de pente, représenté par la fig. 28, fait voir la situation des petits barrages en travers C, C, et de leurs fossés D, D.

La prairie étant ainsi disposée, lorsque l'on veut l'arroser, on introduit les eaux par la grande varme d'entrée A, jusqu'à ce que toute la prairie soit couverte de 8 à 10 centimètres d'eau, au minimum, c'est-à-dire sur les parties les plus élevées ; les eaux, après avoir rempli la première nappe jusqu'au niveau du sommet du premier barrage horizontal, passent par-dessus et remplissent de même la seconde nappe, et ainsi de suite jusqu'au bas de la prairie.

On laisse séjourner ces eaux, 2, 3 et quelquefois 5 et 6 jours, suivant la nature du terrain et la saison, jusqu'à ce que la terre soit complétement abreuvée ; puis on les évacue en ouvrant toutes les varmes de décharge. Quand l'eau commence à se troubler, et qu'il y a des bulles ou de l'écume à sa surface, c'est un signe de fermentation des herbes, et il faut se hâter de l'évacuer.

On commence les inondations des terrains submersibles au printemps, après les dernières gelées ; on peut laisser à cette époque séjourner l'eau sur les prés 5, 6 et même 8 jours de suite, surtout si le temps est froid. Lorsqu'il est doux, on doit laisser l'eau moins de temps et faire profiter l'herbe de la douceur de la température ; il vaut mieux l'inonder que par intermittence, de deux en deux jours, et plutôt la nuit que le jour ; dans ce cas, il convient de mettre l'eau le soir et de l'ôter le surlendemain matin, parce que sur 36 heures de séjour il y en a 24 de nuit.

Quand il gèle fort, on peut laisser la nappe d'eau jusqu'à ce qu'il se soit formé une croûte épaisse de glace ; alors on évacue l'eau ; la croûte de glace s'abat doucement sur le terrain, l'herbe reçoit de l'air par les fentes de la glace, et elle est préservée de la gelée par le matelas d'air interposé entre la nappe de glace et la prairie.

S'il arrive au printemps des gelées tardives, quand l'herbe a commencé à pousser et est encore tendre, il faut s'empresser d'inonder, et laisser l'eau pendant toute la durée de la gelée. On inonde encore par précaution, surtout la nuit, quand, le vent étant au nord, le ciel est serein le soir, parce qu'il y a probabilité de gelée.

Dès que l'herbe commence à s'élever, on cesse les inondations, et on ne les reprend qu'après les fauchaisons. Deux ou trois jours après chaque coupe de foin, on inonde pendant deux ou trois jours, selon que le terrain est plus ou moins sec ; puis on suspend quelques jours ; on inonde une seconde fois quand le terrain est bien ressuyé et presque sec, pendant deux jours ; puis on cesse entièrement. Pour les terrains que l'on arrose en nappes, le répandage des engrais liquides se fait en octobre et novembre, en les mêlant à l'eau de submersion à leur entrée sur la prairie à la vanne d'amont.

IIme SECTION.

Irrigations par déversement.

Première application au moyen de plans inclinés disposés régulièrement. — Lorsque le terrain qu'on veut arroser n'a pas de pente, ou n'a que des pentes très-faibles, et qu'il est marécageux ou tourbeux, et quand on peut amener, à un demi-mètre au moins au-dessus de sa partie supérieure, un volume assez considérable d'eau de bonne qualité, en courant permanent, le meilleur moyen pour en tirer un parti avantageux est de le transformer en plusieurs séries de plans inclinés, adossés en sens contraires, deux à deux, et formant dos d'âne, lesquels sont séparés par des rigoles inférieures, et portent sur leurs sommets (formés par la réunion de deux plans inclinés) des rigoles supérieures longitudinales. Cette disposition est indiquée par la fig. 31, qui représente une série de ces dos d'âne en plan, et par la fig. 32, qui représente la coupe en travers de deux de ces dos d'âne sur la ligne G, H du plan; c'est ce que l'on nomme en Italie des *marchites*.

Dans la coupe fig. 32, la ligne F, F, F représente la surface du sol primitif avant la transformation de la prairie basse et marécageuse. Les hachures verticales indiquent les remblais ; les hachures horizontales, les déblais, et les hachures obliques, le terrain primitif conservé.

Les lettres G, G indiquent, dans le plan et dans la coupe, les plans inclinés ; les lettres K, K désignent les rigoles inférieures qui séparent les pieds des plans inclinés voisins, et les lettres L, L les rigoles supérieures établies sur les sommets des dos d'âne. En examinant la fig. 31, on voit que les remblais I, qui forment la partie supérieure des dos d'âne, sont fournis par les déblais faits entre deux, en forme de V, et indiqués par la lettre I, de manière à se compenser exactement, et par conséquent sans aucun transport. Cette compensation exacte résulte de ce que les élévations des premiers au-dessus du sol primitif sont égales aux profondeurs des seconds au-dessous de la même superficie, et de ce que les inclinaisons des pentes transversales des uns et des autres sont les mêmes.

Ces inclinaisons, qui deviennent celles des plans inclinés de la nouvelle prairie transformée, ont une grande importance, car c'est des dimensions et des pentes des plans inclinés (dont la réunion forme les dos d'âne) que dépend le succès de l'opération.

D'après l'expérience des prairies établies suivant

ce système, en France, dans les Vosges; en Angleterre, près de Londres; et en Italie, dans le bas Milanais (où on les nomme *marchites*), les largeurs des plans inclinés en terre végétale varient de 4 à 5 mètres, et leurs inclinaisons du douzième au quinzième de la largeur des plans inclinés. Lorsque le terrain est très-perméable, l'inclinaison des planches n'est que le vingtième de leur largeur.

En général, la pente doit être plus forte sur les terrains gras et argileux, et plus faible sur les terrains plus facilement perméables, comme ceux qui renferment des sables et des graviers en assez grande abondance, parce qu'ils ont besoin d'être plus profondément pénétrés.

Les séries d'ados parallèles s'établissent autant que possible d'équerre à la direction du canal latéral par lequel arrivent les eaux, et qui, dans la fig. 31, est indiquée par les lettres **M, M, M**. Ce canal doit être large et profond, pour fournir des eaux en abondance.

Le canal de fuite est indiqué par les lettres **N, N, N**. Les longueurs des planches dépendent de la largeur de la prairie. Lorsqu'elle est très-large, on forme deux séries de ces plans inclinés. Quand on peut établir le canal d'alimentation de la seconde série **M′M′** sur le bord du terrain opposé à celui qu'occupe le canal M M de la première, le canal de fuite ou de dégorgement N'N' peut être placé entre les deux séries, et sert à la fois à toutes deux (fig. 33). Cette figure représente des planches étroites à pentes fortes, et la fig. 32, des planches larges à pentes douces.

La première opération à faire, lorsque le terrain à transformer est herbé, est de lever les gazons de l'emplacement à occuper par le remblai de la première planche et ceux de la superficie du déblai correspondant; on les met en réserve en les empilant à proximité; on enlève la couche de terre végétale sur l'un et sur l'autre emplacement, et on la met également en réserve; ensuite, on forme le corps du remblai avec la partie inférieure du déblai, puis on recouvre le plan incliné, qui est moitié en déblai et moitié en remblai, entièrement avec de la terre végétale, que l'on régularise avec grand soin en donnant à sa surface la pente la plus convenable, relativement à la nature du terrain. Lorsque cette terre est tourbeuse, il est bon d'y mêler de la chaux vive, et de la faire manipuler plusieurs fois au dépôt avant de la réemployer, pour opérer le mélange le plus complétement possible, et pour la rompre et la bien diviser.

Les talus étant bien réglés, on les laisse reposer une quinzaine de jours au moins, et on attend

qu'ils aient reçu des pluies qui, en aidant au tassement, produisent souvent des irrégularités qu'il
importe de faire disparaître avant de gazonner.
Pendant ce temps, on établit les rigoles supérieures
et inférieures.

Toutes les rigoles supérieures H, H, fig. 31 et
33, destinées à conduire les eaux d'irrigation sur
les plans inclinés prennent, pour chacune de leurs
séries, leur origine au même canal principal d'alimentation M, M, par des ouvertures latérales formées par des planchettes, ou par des gazons que
l'on enlève quand on veut arroser; les bords de ces
rigoles H, H, qui suivent dans toute leur étendue les arêtes qui séparent les deux plans inclinés contigus, sont parfaitement horizontaux et
leur fond est en pente de 1/2 à 1 millimètre au
plus par mètre. En supposant la longueur des
planches de 20 mètres, la profondeur de ces rigoles sera d'environ 15 centimètres; leur largeur,
de 40 centimètres à l'origine, près du canal d'alimentation, et de 30 centimètres seulement à l'extrémité; elles sont fermées à leurs extrémités du
côté du canal de fuite.

Les rigoles inférieures ou de fuite K, K, placées
au fond des intervalles angulaires qui séparent les
plans inclinés, sont fermées du côté d'amont, et
débouchent en aval dans le canal de dégorgement

N, N; leur profondeur est de 15 à 20 centimètres ; leur largeur va en croissant de leur origine au canal N ; elle est en moyenne de 25 à 30 centimètres : ces rigoles doivent avoir une pente de 2 à 3 millimètres par mètre, pour écouler facilement les eaux.

Les rigoles étant creusées, on gazonne, par un temps pluvieux ou après arrosage, les plans inclinés entre les rigoles supérieures et inférieures, en serrant bien les gazons les uns contre les autres, et on les bat ensuite fortement.

Il est bon de semer sur ces gazons de la graine de bon foin, pour garnir les joints des gazons et les lacunes, et pour faire garnir le plus possible.

Ces travaux doivent généralement se faire en automne ; on ne commence les irrigations que l'été suivant, lorsque les gazons sont bien pris et que les graines ont pu germer et s'enraciner.

On arrose l'été pour abreuver les plans inclinés, en faisant déverser les rigoles par leurs doubles bords, avec une grande abondance d'eau. Pour que l'arrosage soit bon et complet, il faut que les deux bords des rigoles soient bien horizontaux et exactement à la même hauteur ; quand on voit des inégalités dans les déversements, il faut y remédier en relevant les endroits bas et en abaissant ceux qui sont trop élevés, de manière à ce que les nappes d'eau qui baignent les plans inclinés soient aussi égales que possible.

Quand quelques parties des plans inclinés s'affaissent, et quand on y voit venir de la mousse et des herbes aquatiques, qui annoncent un séjournement local de l'eau, le remède est de soulever les gazons dans ces emplacements, et d'y placer du gravier sur lequel on réapplique le gazon.

On voit, par ces explications, que ce mode d'irrigation exige beaucoup de soins et qu'il est dispendieux ; mais il faut considérer que, par cette opération, on convertit des prés marécageux et de la plus mauvaise qualité en bons prés, qui donnent d'abondantes récoltes d'excellent foin, sans aucun engrais.

En général, dans les pays où on établit ces sortes de prairies, et particulièrement en Angleterre, on fait un arrosage continu l'hiver, pendant la gelée. Il en résulte que l'eau coulant constamment, même quand il s'est formé sur chaque plan incliné une nappe de glace, l'herbe ne gèle pas, et que ses racines profitent des mucilages et des autres substances que les eaux tiennent en dissolution ou en suspension. Dès que les gelées ont cessé, cette herbe croît rapidement et en grande abondance. C'est ainsi que les cultivateurs anglais des environs des grandes villes forment des pâturages très-précoces, sur lesquels ils mettent en février leurs brebis et leurs agneaux, qui y deviennent très-gras, et donnent une viande d'un prix élevé et très-recherchée, surtout vers Pâques.

Quand on veut avoir des herbes précoces pour les faucher ou pour premier pâturage de printemps, on commence à mettre les eaux au mois d'octobre. Quand le temps est beau et doux, on n'arrose que la nuit, et on suspend pendant le jour, pour que le pré profite des influences de l'air et du soleil. Quand il gèle, on arrose constamment pour garantir l'herbe de la congélation ; si l'on n'a pas assez d'eau pour tout arroser alors jour et nuit, il faut restreindre l'étendue de l'irrigation à une partie seulement de la prairie que l'on puisse arroser constamment. Il vaut mieux ne pas arroser du tout en hiver que de suspendre l'irrigation pendant qu'il gèle, car alors l'herbe tendre en croissance périt, et la récolte du printemps en souffre. Quand il y a beaucoup de neige au printemps, on suspend les irrigations, on ne les rétablit que lorsque la terre devient sèche et plutôt la nuit que le jour ; s'il survenait des gelées tardives, il faudrait rétablir les nappes d'eau pendant toute leur durée.

En été, on arrose suivant les besoins, mais uniquement pour abreuver la terre ; on arrose toujours après les fauchaisons et on continue pendant quatre ou cinq jours, à moins qu'il ne pleuve. Quand on veut délayer des fumiers ou des amendements dans les eaux d'irrigation, c'est plutôt à la fin de l'automne qu'il faut le faire ; mais quand les eaux sont bonnes et naturellement limoneuses ou mucilagineuses, l'emploi des engrais n'est nullement nécessaire.

Après le premier emploi de ces sortes de prés en pâturages précoces, et au moyen des arrosages intermittents de printemps et d'été, ces sortes de prairies naturelles et toutes en graminées, sans recevoir aucun engrais et bien qu'ayant été pâturées au printemps, donnent, quand les eaux qui les arrosent sont bonnes et un peu limoneuses, *trois coupes* et encore un bon pâturage d'automne pour les brebis. On ne peut mettre que des bêtes à laine sur ces prairies (parce que les autres bestiaux dégraderaient les plans inclinés), et on ne les y met qu'en temps sec. C'est à raison de ces produits extraordinaires que les cultivateurs de divers pays établissent de ces sortes de prairies, malgré les dépenses de premier établissement qui s'élèvent de 7 à 800 fr. par hectare, et les frais d'entretien qui sont assez considérables. Il semble au premier aspect que ce genre de prairies ne puisse être adopté que par des propriétaires ou des cultivateurs riches.

Cependant, dans plusieurs départements et notamment dans la Meurthe et dans les Vosges, beaucoup de prairies de ce genre sont établies avec
plus ou moins de perfection par de simples cultivateurs peu riches, qui les exécutent eux-mêmes
progressivement; mais nous répéterons que ce
mode d'irrigation n'est applicable que dans les
endroits où il y a des courants abondants et constants, et particulièrement au pied des montagnes,
où il en existe presque toujours, ou bien à proximité d'une rivière ou d'un fort ruisseau.

*Deuxième application des irrigations par dé-
versement, au moyen de rigoles distribuées sur des
terrains irréguliers et de toutes pentes.* — Lorsqu'une prairie naturelle est assise sur un terrain
qui a des pentes trop prononcées pour que l'on
puisse l'arroser par submersion, et quand elle n'est
pas assez basse et assez pénétrée d'eau pour que
l'on soit obligé de la convertir en planches régulières et inclinées, ou quand, bien qu'humide et
même marécageuse, elle a assez de pente pour
être facilement assainie par les moyens décrits
dans le premier chapitre, on peut se borner à établir des irrigations par *déversements irréguliers,*
en disposant des canaux et des rigoles dont les
directions, les pentes et les dimensions varient
suivant la nature et les différences de forme du

terrain et suivant les eaux dont on peut disposer. Quelque système d'irrigation que l'on adopte, les applications à en faire seront d'autant plus faciles et les résultats d'autant meilleurs, que les pentes seront plus régulières. Il importe donc de commencer par régulariser autant qu'on le peut avec des travaux modérés. Il ne s'agit pas de faire disparaître les grands mouvements de terrain, les rigoles s'y établissent facilement; mais seulement les inégalités brusques, de peu d'étendue et surtout les cavités. Pour cela, on coupe les parties les plus saillantes, voisines des cavités que l'on comble avec leurs déblais, et on remet ensuite les gazons levés et mis en réserve sur les surfaces travaillées.

En général, il est reconnu que les irrigations, pour être profitables, doivent se faire avec une grande abondance d'eau, parce qu'il faut que le terrain soit pénétré jusqu'au-dessous des racines pour que l'effet soit durable. Il résulte de là que, quand on n'a pas à sa disposition un courant assez abondant pour alimenter largement et à pleins bords les rigoles, pendant au moins vingt-quatre heures de suite, comme quand on n'a que des sources ordinaires ou de petits ruisseaux, ou quand on veut utiliser les eaux pluviales recueillies par des rigoles spéciales, il faut établir des réservoirs ou des vastes bassins, ou des étangs, pour pouvoir y accumuler et y conserver les eaux en assez grande quantité.

Nous donnerons plus loin les explications nécessaires pour l'établissement des réservoirs et des étangs.

Quand, pour faire une irrigation, on veut dériver les eaux d'une rivière de quelque importance, ou quand, ses eaux étant trop basses, on a besoin d'établir une dérivation à grande distance, il faut le concours des propriétaires des terrains que le canal doit traverser, ou leur expropriation. Alors l'entreprise exige beaucoup de formalités et le concours des hommes de l'art, et, par ces motifs, elle sort des limites du présent traité.

Quand on veut faire une dérivation, à petite distance, sur un ruisseau ou sur une petite rivière, bien encaissés dans leurs lits, on peut souvent relever leurs eaux à une hauteur suffisante, au moyen de barrages simples et peu dispendieux ; nous traiterons de ce sujet à la section des moyens à employer pour relever les eaux au-dessus de leur niveau naturel.

Du moment que l'on s'est assuré d'un volume d'eau suffisant pour de bonnes irrigations, soit par une dérivation d'un courant constant et assez abondant, soit par des approvisionnements d'eaux de sources ou de ruisseaux, ou même d'eaux pluviales, réunies par des rigoles spéciales, et amenées par des rigoles de dérivation dans des bassins, des réservoirs ou des étangs, il ne s'agit plus que de distribuer ces eaux au moyen de canaux secondaires et des rigoles d'irrigation proprement dites.

Principes généraux et examen des divers systèmes d'irrigation par déversement. — Les conditions principales d'une bonne irrigation sont, d'abord, que l'eau se répartisse le plus également possible sur le terrain, avec assez d'abondance pour le bien baigner, mais avec une vitesse assez modérée pour que les eaux puissent pénétrer jusqu'au bas des racines ; et qu'elles ne séjournent nulle part : et ensuite que la largeur de chaque zone, comprise entre deux rigoles, soit telle que l'eau déversée par celle qui lui est supérieure arrive jusqu'au bas de la zone sans la noyer.

La largeur des zones dépend donc surtout de la pente du terrain et de l'abondance de ses herbes, c'est pourquoi il ne peut pas y avoir de règle générale sur cette largeur ; mais il importe de faire attention à ne pas leur donner trop de largeur, même quand on a beaucoup d'eau, parce qu'il est bien reconnu que les eaux qui se répandent sur un pré déposent peu à peu, par le ralentissement qui résulte de leur infiltration entre les herbes et dans la terre, le limon fin et les mucilages qu'elles tiennent presque toujours en dissolution ou en suspension, et qui sont très-fécondants ; et qu'après un parcours de quelque étendue, elles en sont presque dépouillées, en sorte qu'elles sont moins fécondantes, et ne peuvent guère servir utilement qu'à abreuver. L'opinion des agronomes anglais est que sur des pentes moyennes la largeur des zones d'irrigation ne doit pas dépasser 5 mètres, et sur des pentes fortes, au plus, 7 mètres.

Des principes que l'on vient d'établir il résulte :

1° Qu'en général les rigoles de déversement doivent avoir peu de longueur, parce qu'il est très-difficile d'obtenir un déversement régulier et uniforme sur de grandes étendues, et de remédier à ses irrégularités ;

2° Qu'elles doivent être plus éloignées les unes des autres dans les terrains très-inclinés que dans ceux qui ont des pentes douces, et dans les prairies claires que dans les prairies épaisses en herbe ;

3° Que l'on ne doit donner à ces rigoles que le volume d'eau nécessaire pour bien baigner jusqu'au bas la zone ou la bande de terrain située au-dessous d'elle ;

4° Que quand les eaux, dont on dispose, sont riches et fécondantes, on peut donner aux zones le maximun de largeur, mais quand elles sont limpides et pauvres, il ne faut pas leur donner plus de 4 à 5 mètres de largeur;

5° Qu'il faut toujours établir des rigoles d'assainissement dans les parties basses et dans les plis de terrain pour recueillir et écouler au bas de la prairie les eaux surabondantes qui s'y réunissent, et les empêcher de séjourner.

Avant d'entrer dans l'explication des dispositions à donner aux rigoles et de leurs tracés, il est nécessaire de traiter une question de principe qui est fort importante.

Nous avons dit que pour faire de bonnes irrigations par rigoles, il fallait pouvoir verser sur les prairies naturelles des volumes d'eau abondants et suffisants pour pénétrer le sol à une certaine profondeur. Or la manière d'opérer le déversement de ces eaux sur le sol de la prairie pour remplir ce but est un sujet de controverse entre divers agronomes praticiens. Les uns recommandent les longues rigoles, de large section, à pente douce, et déversant les eaux sur toute leur longueur pardessus le bord qui regarde l'aval, ou la pente de prairie.

Cette méthode usitée dans diverses contrées, et particulièrement dans les pays montagneux, comme la Suisse et les Pyrénées, exige des étages superposés, de rigoles semblables, à peu près parallèles : les prairies sont ainsi divisées en zones de largeur à peu près égales, quand leurs pentes sont uniformes, et dont chacune est comprise entre deux rigoles : pour arroser une zone de pré, on remplit la rigole, située au-dessus d'elle ; puis on y arrête l'eau en un point, au moyen d'une planchette ou d'une ardoise placée en travers ; sa pente étant très-faible et seulement suffisante pour que l'eau puisse arriver à son extrémité, dès qu'il y a arrêt, il y a déversement général par-dessus son bord d'aval ; la zone, située au-dessous, est baignée à peu près également, et ce que le terrain de cette zone n'absorbe pas, tombe dans la rigole inférieure où elle reste jusqu'à ce qu'on la remplisse à son tour. Quand la zone supérieure a cessé de fonctionner, on répète, pour cette seconde rigole, la même opération pour arroser la zone qui lui est inférieure, et ainsi de suite (fig. 43).

On reproche à ce système d'irrigation le défaut d'abondance suffisante d'eau déversée, à l'extrémité de la rigole à cause de la faiblesse de sa pente, laquelle est une condition de ce mode d'irrigation ; en sorte qu'on est obligé de laisser couler l'eau assez longtemps sur chaque zone pour la bien baigner, puis de réduire la largeur des zones, et par conséquent de multiplier les rigoles, parce que si elles étaient éloignées, les parties inférieures ne recevraient pas assez d'eau.

En outre, on est obligé de donner à ces rigoles de grandes sections, afin que, malgré la douceur de leurs pentes (qui est indispensable pour que le déversement règne sur des longueurs suffisantes), l'eau puisse arriver, en assez grande abondance, à leurs extrémités ; ces dimensions en largeur présentent d'assez grands inconvénients pour la circulation des voitures, et font perdre beaucoup de terrain.

Il résulte encore de ce système que la répartition de l'eau n'est régulière que quand le terrain est lui-même assez régulier, et ne présente que des courbures de grand rayon ; mais, lorsqu'il se compose d'ondulations multipliées, de peu d'étendue et de petit rayon, les parties concaves reçoivent nécessairement trop d'eau, et les parties convexes en reçoivent trop peu.

Un autre système, usité dans plusieurs pays et notamment dans les Vosges, consiste à établir des rigoles, à pentes fortes, de 10 à 20 millimètres par mètre, et même plus, coupées en écharpe dans les pentes des prairies : on emploie particulièrement ce système sur des coteaux fort inclinés et sur lesquels on peut disposer d'une grande abondance d'eau (qui, en effet, est absolument nécessaire quand les rigoles ont de fortes pentes). On fait déverser l'eau, au moyen de gazons ou de planchettes, que l'on met successivement à des points très-rapprochés, pour forcer l'eau à couler sur les zones inférieures. On voit sur la fig. 44 la représentation de ces petits déversements successifs, marqués au premier arrêt, par des hachures divergentes qui indiquent la petite nappe d'eau étroite, déterminée par la première position de la planchette, et aux arrêts suivants, par des lignes ponctées.

Nous reprocherons à ce système,

1° De ne satisfaire qu'à une des conditions de l'irrigation ; savoir : de donner à la fois beaucoup d'eau sur des points déterminés ;

2° De ne pas pouvoir donner des nappes de déversement baignant à la fois de grandes étendues ;

3° De produire des déversements par courants de peu de largeur, ayant trop de vitesse, en sorte que les eaux n'ont pas le temps de déposer les mucilages et les substances qu'elles tiennent en dissolution et qui sont si favorables à la végétation, et que même elles délavent le sol et lui enlèvent ses mucilages propres, ses engrais, et la surface de son humus ;

4° De ne pouvoir servir à faire répandre par irrigation sur les prairies, des engrais liquides, ou des limons, apportés naturellement par les canaux alimentaires, parce que la vitesse des déversements, trop grande pour permettre le dépôt progressif de ces substances, les entraînerait toutes dans les parties inférieures, et même au delà dans les canaux de décharge.

5° D'exiger une main-d'œuvre très-multipliée, parce qu'il faut sans cesse changer de place les arrêts mobiles pour reporter successivement les petits courants par échelons rapprochés, sur tous les points de la zone oblique de la prairie située au-dessous;

6° De porter dans les parties inférieures de la prairie une surabondance d'eau nuisible qui y produit de grosses herbes et des plantes aquatiques que nous avons souvent observées en bas des prairies arrosées suivant ce système;

7° Enfin, d'exiger l'emploi d'un volume d'eau considérable et de n'être applicable, pour cette raison, que dans les endroits rares où il y a une très-grande abondance d'eaux courantes.

Après avoir examiné attentivement les effets des arrosages, dans l'un et dans l'autre système, nous avons été conduits à adopter et à conseiller un troisième système qui nous paraît préférable à chacun des deux que nous venons d'expliquer.

Classement des rigoles. — Nous commencerons

par classer les différentes espèces de rigoles que nous employons pour opérer l'irrigation ; elles sont tracées sur un plan général (fig. 45), qui représente une prairie irrégulière arrosée d'après notre système.

Nous nommerons rigoles *principales,* ou de premier ordre, celles indiquées par les lettres A A, qui servent à conduire dans la partie supérieure de la prairie les eaux amenées par des canaux à grande section. (Ces canaux peuvent être approvisionnés, soit par les eaux pluviales des terrains supérieurs , recueillies et dirigées par des rigoles spéciales, soit par des dérivations de rivières ou de ruisseaux, soit par des eaux tirées de bassins, de rivières ou d'étangs.)

Les rigoles principales doivent toujours être établies au sommet des terrains à arroser. Sur ces rigoles principales nous embranchons les rigoles de second ordre B, B B, que nous nommerons rigoles *alimentaires.* Elles sont destinées à conduire sur le milieu de chacune des subdivisions naturelles ou artificielles de la prairie, le volume d'eau nécessaire pour l'arroser.

Enfin nous nommerons rigoles de *déversement* les rigoles de troisième ordre C, C, C, C qui se composent de ramifications sur les rigoles alimentaires et qui sont destinées à répandre les eaux sur la prairie.

Lorsqu'un pré n'est pas très-étendu et qu'il n'a qu'une inclinaison générale et à peu près uniforme, il n'y a qu'une seule rigole principale qui doit régner sur la limite supérieure et la plus élevée de la prairie.

Quand la prairie a une grande étendue et qu'elle représente des inclinaisons diverses, dans des sens différents, il faut établir autant de rigoles générales qu'il y a d'inclinaisons différentes, toujours au sommet de chacune d'elles.

Chaque inclinaison ou pente générale se subdivise en sections, d'après les mouvements partiels et les ondulations que présente la superficie de la prairie; ainsi chaque côte marquée, chaque dos d'âne forme une section naturelle, et leurs limites également naturelles sont les bas-fonds qui les séparent.

Quand le terrain est d'une grande étendue, d'une seule inclinaison sans ondulations prononcées, on le subdivise en sections à peu près égales, d'après la longueur qu'il convient de donner aux rigoles alimentaires, en raison de leurs pentes, pour pouvoir porter l'eau avec assez d'abondance jusqu'à leurs extrémités. Ainsi lorsque la longueur du pré, au-dessous de la rigole principale placée à son sommet, n'est pas plus grande que la longueur à donner aux rigoles alimentaires, il n'y a qu'un rang de sections. Lorsque l'étendue du pré comporte deux rangs de rigoles alimentaires, il faut qu'il y ait deux rigoles principales, et dans ce cas la seconde se place immédiatement au-dessous des limites inférieures des sections du premier rang, et ainsi de suite, comme on le voit dans la fig. 47. Les rigoles principales doivent avoir de grandes dimensions en largeur et en profondeur, et une pente suffisante pour pouvoir débiter en vingt-quatre heures le volume d'eau nécessaire pour remplir constamment les rigoles alimentaires qui s'y rattachent.

La fig. 46 représente une prairie à pente modérée qui comporte deux divisions générales déterminées par deux grandes inclinaisons de directions différentes; elle doit par conséquent avoir deux rigoles principales A, A, A et A′, A′, A′, qui sont établies au sommet de chacune des inclinaisons générales. La rigole A A fournit de l'eau aux rigoles alimentaires B B de la pente située à droite, au-dessous d'elle, et la rigole A′ A′ en fournit aux rigoles alimentaires B′ B′ de la pente de gauche.

Les rigoles alimentaires placées sur les parties les plus élevées de chaque subdivision ont une pente forte, et s'étendent jusqu'à la limite du mouvement du terrain auquel elles doivent fournir de l'eau. Les dimensions en largeur et en profondeur des rigoles alimentaires dépendent du nombre et de la longueur des rigoles de déversement auxquelles elles doivent fournir de l'eau, de manière à les tenir constamment pleines et versantes pendant vingt-quatre heures.

Les rigoles de déversement C, C, C, C, fig. 45 et 46, s'embranchent deux à deux à un même point de chaque rigole alimentaire, comme les rameaux secondaires des arbres que l'on nomme à rameaux opposés ; elles ont un peu moins de largeur que les rigoles alimentaires, et leur profondeur est moindre que celle de ces dernières rigoles. Elles sont tracées exactement de niveau et suivent les ondulations du terrain, sur chacun des deux revers de la subdivision. On donne une légère pente à leur fond, en augmentant progressivement leur profondeur, à mesure qu'on s'éloigne de leur origine, pour que l'eau arrive facilement au bout, mais leurs bords doivent toujours être exactement de niveau. Elles sont fermées à leurs extrémités qui arrivent près des bas-fonds de séparation des subdivisions. Leur profondeur étant un peu moindre que celle des rigoles alimentaires, il faut, pour y faire entrer les eaux, établir dans celles-ci de petites retenues, au moyen de gazons, de planchettes, ou de pierres plates que l'on place au-dessous des embranchements des rigoles de déversement.

Les distances de ces rigoles en rameaux dépendent de la pente des terrains et de l'abondance des eaux ; plus la pente de leurs intervalles est rapide, plus elles doivent être éloignées ; quand cette pente est douce, il faut les rapprocher pour que l'eau qu'elles déversent arrive facilement et sûrement à l'extrémité des planches inclinées qui les séparent.

La fig. 47 représente le plan d'une prairie à une seule inclinaison, régulière et modérée, et à peu près uniforme, mais de grande longueur ; en sorte que l'on a établi deux divisions ou étages d'irrigation dont chacune se partage en plusieurs subdivisions. L'étage le plus élevé est servi par une rigole principale supérieure A A qui reçoit l'eau directement du canal d'approvisionnement F, et elle fournit l'eau au premier rang des rigoles alimentaires B B. La rigole principale inférieure A′ A′ reçoit l'eau du canal d'approvisionnement par un embranchement G G et elle fournit le second rang de rigoles alimentaires B′, B′, B′. Les distances qui séparent les rigoles principales dépendent de la pente du terrain ; en général on évite de don-

ner une trop grande longueur aux rigoles alimentaires, afin que l'eau y arrive facilement et rapidement ; et c'est leur longueur qui sert à déterminer la distance des rigoles principales. Dans
cette figure les rigoles de déversement ramifiées
C, C, C, C et C′, C′, C′, C′ se trouvent presque
droites, parallèles et d'égale longueur à chaque
étage, à raison de la régularité de la pente.

Quelles que soient les dispositions du terrain et
celles des rigoles, il faut toujours établir, entre les
sections d'irrigation, des rigoles ou plutôt des saignées d'égouttement D D, fig. 45 et 46, destinées
à recevoir les eaux qui n'ont pas pénétré le terrain, ou qui s'en égouttent, et les conduire au
dehors, afin d'éviter leur stagnation. Ces saignées
ou rigoles d'égouttement conduisent les eaux aux
parties inférieures de la prairie où on les réunit,
et on les évacue par un canal de dégorgement.
On fait ces saignées étroites et peu profondes au
sommet et plus grandes dans le bas pour faciliter
les écoulements, et on les fait déboucher dans le
canal d'égout.

Explication des procédés d'irrigation. — Les
rigoles des diverses classes étant disposées comme
on vient de l'indiquer, on ouvre les communica-
tions de la rigole principale avec les rigoles alimentaires de sa division ; celles-ci se remplissent

promptement, à raison de leurs pentes. On place dans ces rigoles successivement, à chacun des points de ramification, un gazon, une pierre plate, une ardoise, ou une planchette E, fig. 45, 46 et 47, qui arrête son cours.

Les deux rigoles latérales de déversement correspondantes à ce point se remplissent immédiatement d'eau qui, ne pouvant s'écouler plus loin, déverse aussitôt par dessus leurs bords, en formant des nappes d'épaisseur uniforme sur toute leur longueur, parce que ces bords sont exactement de niveau, et elles déversent l'eau abondamment, parce que par la rapidité de la rigole alimentaire elle afflue constamment et également dans les rigoles de déversement.

Quand les zones ou plans inclinés situés au-dessous des premiers rangs des rigoles de déversement sont bien imbibées, on descend l'arrêt au second embranchement, et ainsi de suite jusqu'au bas. Après le temps nécessaire pour l'imbibition, on recommence à remplir les rigoles à partir du haut, à deux ou trois reprises suivant le besoin.

Il faut avoir soin que chaque rigole latérale de déversement ne reçoive que l'eau nécessaire pour baigner la bande de terrain comprise entre elle et la rigole située au-dessous, car si elle en recevait

trop, le surplus irait tomber dans la rigole inférieure et la remplirait ainsi d'une eau déjà appau-
vrie par son parcours sur la zone supérieure et
empêcherait d'y arriver les eaux neuves et riches
en mucilages et en principes fécondants que la
rigole alimentaire doit lui fournir directement.
Quand, par la disposition du terrain, la rigole alimentaire n'a qu'une pente faible, comme de un
à deux millimètres par mètre, on n'a pas besoin
de mettre d'arrêt, parce qu'alors cette rigole, fermée à son extrémité seulement, se remplissant
facilement à pleins bords, sur toute son étendue, verse l'eau à la fois dans toutes les rigoles
de déversement et les remplit toutes en même
temps.

Quand, au contraire, une rigole alimentaire a
une pente forte, si l'on n'établissait pas d'arrêt,
l'eau ne remplirait que les rigoles latérales inférieures; il faut alors mettre des arrêts et les changer de place pour remplir successivement les
rigoles latérales de déversement, en commençant
par le haut.

On place ces arrêts de deux en deux ou de
trois en trois paires de rigoles, suivant la pente
du terrain, de manière à ce qu'elles soient bien
remplies et déversent abondamment.

Pour qu'il n'y ait pas surabondance, on a soin

de faire les planchettes ou les gazons d'arrêt de manière que leurs bords latéraux soient un peu plus élevés que les bords de la rigole alimentaire, et que leur milieu soit un peu plus bas que ces bords; par ce moyen, quand les rigoles de déversement situées au-dessus ou à l'amont d'un arrêt sont pleines et déversantes, le surplus de l'eau, passant par-dessus l'arrêt dans son milieu, va remplir les rigoles inférieures, et quand l'eau est assez abondante pour remplir ainsi successivement toutes les rigoles latérales d'une rigole alimentaire dans toute son étendue, on est dispensé de changer les arrêts et on n'a aucune manœuvre à faire.

Lorsque l'eau est moins abondante, et ne peut suffire que pour remplir deux ou trois paires de rigoles latérales, il faut relever les arrêts et les descendre plus bas lorsque l'imbibition du terrain supérieur est complète.

En examinant avec attention les résultats produits par ce système d'irrigation, on voit qu'il réunit les principaux avantages des deux autres et qu'il n'a pas leurs inconvénients; en effet, les rigoles de ce genre s'adaptent facilement aux ondulations et à tous les mouvements du terrain, les rigoles alimentaires reçoivent, à raison de leurs pentes, beaucoup plus d'eau, dans un temps donné, que les rigoles suisses, quoique leurs dimensions soient moindres, et les rigoles de distribution ou de déversement, les répandent en nappes encore plus régulières qu'elles, parce qu'elles sont parfaitement de niveau; de plus, elles sont plus faciles à manœuvrer que les rigoles vosgiennes et ne forment jamais comme elles des courants rapides sur les prairies; elles ne délavent pas le terrain, elles le pénètrent mieux et surtout plus également, et peuvent y déposer les mucilages, les limons et les engrais liquéfiés, aussi bien et plus également que les rigoles de la Suisse. Ce mode d'irrigation a encore un avantage particulier en ce que, les rigoles de troisième ordre étant de niveau, elles peuvent servir à volonté pour le déversement ou pour la simple infiltration quand on a peu d'eau, ou quand on ne veut que rafraîchir légèrement la prairie sans la baigner.

Des tracés et du service des rigoles. — Quand les prairies à arroser sont en pentes fortes, par exemple, de 3, 4 et même 5 centimètres par mètre, les rigoles alimentaires doivent être dirigées obliquement en écharpe, comme on les voit tracées et indiquées par les lettres B, B, B, dans les fig. 48 et 49, de manière à diviser la prairie inclinée en zones obliques.

Quand le terrain est régulier et de pente uniforme, les rigoles alimentaires B B sont droites, et les rigoles de déversement C C, qui doivent toujours être horizontales, sont droites aussi et parallèles; mais il résulte de cette condition, et de la rapidité de la pente, qu'elles forment des angles très-aigus avec les rigoles alimentaires; on voit cette disposition dans la fig. n° 48.

Quand le terrain en pente rapide est irrégulier et ondulé, comme celui que représente la fig. 49, les rigoles alimentaires B B sont tracées en courbes, pour suivre les ondulations du terrain avec une pente à peu près uniforme, et les rigoles de déversement C'C' sont alors nécessairement onduleuses, et à des distances inégales suivant les variations de pente du sol.

Ces petites rigoles de déversement sont toujours établies de niveau par paires, de chaque côté de la rigole alimentaire. Les espacements de ces petites rigoles dépendent de la pente du terrain; ils doivent être tels que les eaux que déversent ces rigoles puissent arriver facilement jusqu'aux rigoles situées au-dessous.

Dans ce cas les rigoles alimentaires peuvent être moins larges et moins profondes que celles des terrains en pentes douces, parce qu'à raison de leurs fortes pentes, elles fournissent beaucoup d'eau, même avec une petite section.

Irrigation des terrains irréguliers et ondulés. — Quand un terrain à arroser, au lieu d'être à peu près régulier (comme ceux des figures 45 et 47), est irrégulier et ondulé comme celui qui est représenté dans la figure 50, il faut commencer par établir la rigole principale de distribution en faisant suivre à peu près l'enceinte de la partie supérieure de la prairie, à une hauteur telle que son fond soit au niveau des sommets des ondulations les plus élevées ; pour cela il faut former des remblais dans les bas-fonds qui séparent les mamelons, ou les dos d'âne saillants, jusqu'au niveau de leurs sommets, pour que la rigole y soit assise à hauteur convenable, avec pente suffisante. On gazonne les talus des petits remblais, et on forme les deux bords de la rigole principale avec de forts gazons bien battus. La figure 51 représente le profil en long, ou la coupe sur son milieu, de cette rigole, de ses déblais et des remblais qui la supportent ; les déblais ou coupures dans les parties saillantes y sont indiqués par des hachures verticales, et le terrain remblayé sous la rigole par des hachures obliques.

Les rigoles alimentaires B, B, B suivent les sommets des mamelons et des dos d'âne ; les rigoles de déversement CC, CC sont établies par paires à l'ordinaire, et toujours de niveau, sur les flancs des dos d'âne, et en ondulant suivant les mouvements du terrain; elles ont alors des directions remontantes vers les têtes des rigoles alimentaires nécessitées par les inclinaisons des flancs des dos d'âne. Ces directions résultent naturellement de la simple condition du niveau imposée à leur tracé. Elles se terminent à peu de distance au-dessus des fonds ou baissières qui forment les intervalles des mamelons, mais sans y communiquer, parce que, comme on l'a dit plus haut, leurs extrémités doivent toujours être bouchées de manière à y arrêter l'eau.

Les baissières intermédiaires entre les dos d'âne, et dont nous venons de parler, recevant, par l'effet des pentes, les eaux de déversement que la prairie n'a pas absorbées, seraient trop baignées si l'on n'y remédiait; pour l'éviter et pour garantir les prairies des eaux stagnantes, il faut, comme nous l'avons déjà dit, établir dans le fond de chacune de ces baissières, de petites rigoles d'égouttement D, D, fig. 50, et on les continue jusqu'au canal général de dégorgement, ou jusqu'au ruisseau E, E, E qui conduit toutes les eaux surabondantes, au bas de la prairie et au delà.

Quand la prairie est très-étendue, on la subdivise en plusieurs sections qui forment autant d'étages, et chacune de ces sections a sa rigole principale de distribution à son sommet, ses rigoles alimentaires, ses rigoles de déversement, ses saignées d'égouttement et sa rigole de fuite ou de dégorgement au bas de la section.

Des pentes des canaux et rigoles. — Un des avantages du mode d'irrigation que nous proposons de suivre est de pouvoir s'accommoder à toutes les inclinaisons de terrain et de donner les mêmes résultats avec des pentes différentes pour les rigoles alimentaires, parce que ces rigoles n'étant destinées qu'à conduire les eaux aux rigoles de déversement, il importe peu que leurs pentes soient fortes ou faibles ; quand la pente est faible, comme de 1 à 4 millimètres par mètre, en supposant qu'elles aient une longueur de 100 mètres ; il faudra les faire larges et profondes, comme, par exemple, de 30 à 35 centimètres de largeur et de 15 à 20 centimètres de profondeur ; quand la pente est de 4 à 8 millimètres, il suffit de 25 centimètres sur 12, et quand la pente est de 1 à 2 c. par mètre, on peut les réduire à 20 c. sur 8 c. de profondeur : il n'y a nul inconvénient à ce que les pentes de ces rigoles soient irrégulières, car il suffit que l'eau y coule librement et facilement, de manière à bien remplir les rigoles de déversement.

Nivellement des rigoles. — Pour mesurer les pentes du terrain et pour régler les pentes des rigoles principales, qui doivent être à peu près régulières, l'instrument le plus simple et le plus commode, pour les personnes qui ne savent pas se servir du niveau d'eau est le niveau de maçon, connu de tout le monde; avec cet instrument, qui est simple, peu coûteux, et que l'on peut faire partout, il suffit, pour connaître les pentes sans aucun calcul, d'avoir une grande règle de quatre mètres, bien droite, et une petite règle de mesure divisée.

Pour que la grande règle ne se déjette pas et se conserve droite, ce qui est indispensable, il faut qu'elle soit faite avec du bois de droit fil, bien sec et sans nœuds (le sapin est le meilleur bois pour cet usage); puis il faut la passer à l'huile chaude, après l'avoir chauffée pour que l'huile pénètre bien le bois. Si l'on veut encore mieux assurer la conservation de la rectitude, il faut la faire de deux pièces sur son épaisseur. On fait deux règles minces bien égales, puis on les colle l'une contre l'autre, et on les fait serrer au moyen de chevilles nombreuses, à la colle, et qui les traversent toutes deux, puis quand la colle est sèche, on les passe à l'huile chaude.

La petite règle de mesure a 50 cent. de lon-

gueur, on y établit des divisions égales à 4 millimètres de distance les unes des autres; on y met
des numéros 1, 2, 3, 4, 5, 6, etc., à partir du bas.

Pour opérer avec cet instrument, on place un
des bouts de la grande règle H H, mise de champ
(fig. 52), sur un point du terrain dont on veut
mesurer la pente, on la met à peu près de niveau,
en élevant l'autre extrémité le long de la mesure
divisée I, I, que l'on tient debout à cette extrémité.
— On place alors le niveau de maçon K K K, au
milieu de la grande règle, et on fait lever ou baisser le bout qui est appuyé contre la règle de mesure, jusqu'à ce que le fil à plomb du niveau de
maçon se trouve juste devant le trait marqué sur
sa traverse, à l'aplomb de son point de suspension; alors on regarde à quelle division de la mesure correspond le dessous du bout de la grande
règle qui s'y appuie. Si c'est le n° 1, la pente du
terrain est d'un millimètre par mètre; si c'est le
n° 2, c'est 2 millimètres par mètre, et ainsi de
suite; la figure 52 représente l'instrument appliqué à un terrain dont la pente est de 4 millim.
par mètre.

Si la grande règle n'avait que 3 mètres de longueur, il faudrait que les divisions de la mesure
fussent établies de 3 en 3 millimètres.

Quand on veut régler la pente d'une rigole, on

place la mesure à une extrémité de la grande règle de manière que le numéro de la pente que l'on veut donner se trouve exactement au droit du bord inférieur de la règle ; ainsi, si l'on veut avoir une pente de 3 millim., c'est le n° 3 de la mesure qui doit affleurer le bord inférieur de la grande règle ; on fixe la mesure en l'attachant dans cette position. Cela fait, on pose l'autre extrémité de la grande règle au point de départ de la rigole, puis on la met de niveau au moyen du niveau de maçon ; alors le bas de la mesure marque la hauteur à laquelle doit être la rigole à ce point ; si ce bout est élevé au-dessus du terrain, cela indique qu'il faut remblayer de la hauteur qui se trouve entre deux ; si, au contraire, on a été obligé de creuser la terre pour y enfoncer le bout de la mesure afin de parvenir à mettre la règle de niveau, c'est qu'il faut déblayer jusqu'à la profondeur à laquelle on a été obligé de creuser, et ainsi de suite.

On peut aussi tracer avec ce niveau les rigoles de déversement ; pour cela on n'a plus besoin de la mesure, on promène la règle sur le terrain jusqu'à ce que, le touchant dans toute sa longueur, le fil à plomb du niveau de maçon réponde au trait de la traverse, et on est sûr que tous les points sur lequels la règle porte, sont de niveau.

Mais il est plus commmode et plus expéditif, pour les tracés de ces rigoles de niveau, d'employer le niveau d'eau, parce que l'on peut, d'une seule station, établir tous les points de plusieurs paires de rigoles sans aucun calcul; on peut encore se passer du niveau en amenant l'eau à l'entrée de chaque rigole, et en lui faisant suivre l'instrument avec lequel on creuse; mais il faut alors beaucoup de soin et d'habitude pour la bien établir sans pente : il vaut mieux l'ouvrir d'abord avec peu de profondeur, et creuser ensuite les points où l'eau ne pourrait pas passer.

Le bord inférieur de chacune de ces rigoles doit toujours être exactement de niveau, pour que le déversement soit bien régulier; mais, lorsqu'elles sont un peu longues, l'eau pourrait avoir de la peine à arriver jusqu'à l'extrémité si le fond était aussi parfaitement horizontal, c'est pourquoi il convient alors de creuser davantage à mesure qu'on s'éloigne de l'origine, pour donner de la pente au fond. Quand elles sont très-longues, il convient en outre d'augmenter progressivement leur largeur, surtout vers les extrémités.

Description des outils spéciaux pour l'ouverture des canaux, des rigoles et des fossés, et pour les gazonnements. — L'ouverture des canaux et des rigoles étant le travail le plus considérable en étendue qu'exigent les irrigations, il importe beaucoup de réduire, autant que possible, le temps et les frais de leur exécution ; c'est pourquoi nous allons donner la description des moyens que nous employons avec un grand avantage pour établir les canaux et les rigoles et pour les gazonnements.

Les gazonnements sont nécessaires pour revêtir les petites digues d'enceinte que l'on a souvent à faire au pourtour de la propriété, soit pour empêcher les eaux d'inondation d'y arriver de l'extérieur, soit pour retenir les eaux lorsqu'on veut arroser par submersion, ou bien limoner ; puis encore, lorsqu'on veut établir des irrigations régulières ou plans inclinés, dit marchites, dont nous avons parlé plus haut ; et enfin, quand on veut aplanir des parties de terrain trop saillantes sur lesquelles on ne pourrait pas amener les eaux.

Notre système d'irrigation s'appliquant très-bien aux terrains ondulés et irréguliers, il n'est nullement nécessaire de chercher à obtenir à grands frais des surfaces d'inclinaison régulière et uniforme ; mais, lorsqu'il existe dans les prairies des saillies et des cavités trop fortes ou trop brusques, il est bon d'abaisser les premières et d'employer leurs déblais à remplir les secondes ; alors il faut lever entièrement, au printemps ou en automne, les gazons des parties à déblayer et à remblayer, et les empiler sur leurs bords ; puis, quand le travail est fini, on remet les gazons sur les déblais et sur les remblais par un temps frais, ou bien on les arrose au besoin, et la prairie est rétablie, sans retard sensible, dans sa végétation.

Quand on a à lever des gazons, on établit des lignes parallèles avec un cordeau, tendu d'abord en long et ensuite en travers, et on suit les lignes du cordeau avec l'un des deux instruments que nous allons décrire.

Quand on n'a pas une grande étendue de rigoles à exécuter, on peut se contenter d'employer un outil en forme de croissant, représenté dans la fig. 53. Il diffère des croissants à émonder les arbres en ce qu'au lieu d'être aciéré et tranchant en dedans, il l'est en dehors jusqu'aux deux tiers de sa longueur ; sa pointe, courbe, est aciérée et tranchante en dehors et en dedans, et renforcée par une nervure au milieu. On tranche les lignes en long en poussant par le dos, et on coupe en travers, avec la pointe, en poussant, ou en tirant.

Le second outil est nécessaire quand on a beaucoup de gazonnements ou de rigoles à exécuter ; nous l'avons nommé *tranchoir*.

Cet instrument se compose d'une lame circulaire de tole d'acier, de 26 à 28 centimètres de diamètre et de 2 à 3 millimètres d'épaisseur. Le mieux est

de prendre des lames de scies circulaires à dents
fines ou sans dents, en amincissant le bord à la
meule pour le rendre tranchant. On applique de
chaque côté de la lame une plaque de fer ronde N,
de 16 à 18 centimètres de diamètre, et d'un cen-
timètre et demi d'épaisseur, pour fortifier la lame
et pour l'empêcher d'entrer trop profondément,
de manière que la saillie de la lame tranchante
en dehors des plaques soit de 9 à 10 centimètres ;
on fixe ces deux plaques au moyen de trois petits boulons qui les traversent ainsi que la lame,
sur laquelle elles sont ainsi fixées solidement ; les
deux plaques sont percées au centre de trous
exactement de même diamètre que le trou de la
lame tranchante ; on emmanche cet instrument au
moyen d'une chappe à deux branches courbes, réunies à une forte douille ouverte destinée à recevoir
le manche en bois, comme on le voit représenté
dans la fig. 54, qui représente l'instrument vu de
côté et vu de face.

Les deux branches de la chappe embrassent la
lame et ses plaques d'arrêt et de renfort, et leurs
extrémités sont percées de trous de même diamètre
que celui de la lame ; on passe dans les trous de la
chappe et de la lame un petit essieu en fer à tête et
à boulon, en ayant soin d'introduire des rondelles
en fer, plus épaisses du milieu que des bords,

entre les branches de la chappe et la lame, pour empêcher les frottements et pour faciliter le mouvement de rotation.

Avec cet instrument, on fait très-facilement et très-rapidement toutes les sections, en long et en travers, nécessaires pour couper les gazons en plaques régulières et d'égale épaisseur, comme il est nécessaire qu'elles soient pour que les gazonnements s'exécutent vite et bien.

Ensuite on lève les gazons avec une bêche spéciale, usitée dans les Vosges, et que l'on nomme *bêche à gazon;* elle est plate dans le sens de la largeur et légèrement courbe dans celui de la longueur; son bord tranchant est concave, comme on le voit indiqué dans les fig. 58 et 59. La douille est longue, ouverte et relevée, pour qu'elle ne frotte pas sur la terre quand la lame entre sous le gazon.

Le manche est coudé, pour donner à l'ouvrier plus de facilité, et ne pas l'obliger à se trop baisser pour faire entrer la lame horizontalement.

Lorsqu'il s'agit d'ouvrir des canaux ou des rigoles principales de grande dimension, et même les rigoles alimentaires, on coupe avec le tranchoir les deux bords parallèlement; on fait avec le même instrument, ou avec le croissant, les sections en travers de distance en distance, puis on lève les gazons avec la bêche plate. Ensuite on creuse la profondeur à la pioche, ou plutôt avec l'instrument que nous allons décrire, mais en ayant toujours soin de donner à l'excavation la forme concave, en inclinant les deux bords pour qu'ils ne s'éboulent pas, et en arrondissant le fond pour centraliser le courant et par là en faciliter l'écoulement, et l'empêcher d'attaquer et de corroder les côtés comme il arrive presque toujours dans les canaux et les fossés à fonds plats.

Le troisième instrument que nous employons est destiné particulièrement à l'ouverture des rigoles de troisième ordre ou de déversement; c'est une espèce de bêche concave munie, sur les deux côtés de sa partie antérieure, de deux oreilles PP, relevées et tranchantes en avant sur leurs bords obliques, telle qu'on la voit représentée dans les fig. 60, 61, 62 et 63. Son bord antérieur tranchant est concave comme celui de la bêche à gazon, afin que les deux oreilles tranchent les deux bords avant que la lame du milieu entre dans la terre, ce qui facilite beaucoup l'opération, parce qu'alors le gazon étant détaché des deux côtés quand le milieu de la bêche entre dans la terre, le soulèvement et l'enlèvement s'opèrent plus facilement et avec rapidité. Nous nommons cet instrument le *rigoleur*. Il est bon d'en avoir de deux dimensions, savoir : un pour les rigoles de troi-sième ordre ou de déversement, et un plus grand pour le creusement en cuvette des rigoles de se-cond ordre ou alimentaires, et pour les canaux et les rigoles principales.

Avec le premier, on ouvre les petites rigoles de déversement d'un seul coup, sauf à le faire passer une seconde fois vers leurs extrémités pour en augmenter la profondeur quand elles sont longues ; voici sa dimension :

La lame forgée à plat, avant de recevoir sa courbure, a la forme représentée par la fig. 63. La plus grande largeur, entre le bord extrême arrondi d'une des oreilles et l'autre bord semblable, est de 28 à 30 centimètres ; ces bords doivent être minces, aciérés et bien tranchants.

La largeur de l'arrière de la lame, près de la naissance de la douille, est de 12 centimètres, et son épaisseur en cet endroit est de 8 à 10 milli-mètres. La longueur entre la douille et la ligne passant par les extrémités antérieures des deux oreilles PP, est de 24 centimètres, la concavité du devant de la lame est de 5 centimètres au milieu.

La fig. 60 représente la lame en plan, après qu'on lui a donné la courbure en travers et qu'on a relevé ses deux oreilles.

La fig. 62 montre le tranchant vu de face pour

faire voir la courbure de la lame et l'inclinaison des oreilles qui sont planes. Cette courbure est telle que la distance entre les deux oreilles est de 15 à 16 centimètres, et qu'en plaçant une règle sur leurs sommets il y a 8 à 9 centimètres entre la règle et le fond concave de la lame. Les deux bords antérieurs des oreilles sont en lignes droites obliques et tranchants ; leurs parties postérieures, plus épaisses et arrondies, se raccordent par une double courbure avec le derrière de la bêche.

Outre la courbure ou concavité sur la largeur, on courbe cette bêche légèrement dans le sens de sa longueur, et on relève la douille comme on le voit dans la fig. 61, pour éviter le frottement du derrière de la lame, et surtout celui de la douille contre la terre, ce qui augmenterait la résistance sans aucune utilité, et on met un manche coudé, comme celui de la bêche à gazon, pour faciliter le travail et moins fatiguer l'ouvrier.

Le rigoleur destiné à ouvrir les grandes rigoles et les canaux a absolument les mêmes formes, mais on lui donne de 25 à 30 centimètres d'une oreille à l'autre, et il peut bien entrer, parce que l'on ne l'emploie que quand le gazon est levé à la bêche plate, tandis que pour les petites rigoles on enlève à la fois d'un seul coup le gazon et la terre située au-dessous.

Avec ces trois instruments, on économise plus de moitié du temps et des frais qu'exigeait l'emploi de la bêche et de la pioche, et on a un travail mieux fait et plus régulier ; il faut les employer quand la terre est humide.

Quand le terrain est dur, graveleux, ou pénétré de racines, il faut employer la pioche pour les travaux de peu d'étendue, et la charrue légère à soc concave, quand on a de grandes longueurs de rigoles à ouvrir, et quand le sol est suffisamment régulier pour permettre son emploi.

Cette charrue convient surtout quand on a une grande exploitation agricole ; elle procure beaucoup d'économie de temps et de frais ; on a employé avec succès, à Grignon, une charrue spéciale de ce genre, construite par M. François Bella, professeur à cet établissement : elle a coûté 70 fr.

Elle est disposée comme les charrues ordinaires, sans avant-train, ou araires, mais elle est plus légère. Son soc est en forme de bêche concave, avec une pointe aciérée ; en avant de ce soc il y a deux coutres, légèrement inclinés, placés des deux côtés de l'âge, au moyen de deux renforts fixés de chaque côté pour obtenir l'écartement nécessaire des deux coutres qui sont destinés à faire deux tranches parallèles dans le gazon de la prairie, suivant les deux bords de la rigole à ouvrir, afin de

diminuer la résistance que le soc éprouve à pénétrer dans la terre.

Sur l'un des côtés latéraux de ce soc est établi
un versoir en forte tôle N (fig. 55, 56 et 57), qui
est destiné à faire ployer et à jeter de côté la bande
de terre garnie de gazon que la charrue coupe et
soulève. Pour remplir ce but, il faut que la lame
du versoir soit à double courbure et passe de l'un
des côtés du soc au côté opposé, en traversant au-
dessus de l'âge, immédiatement en arrière du
soc.

La fig. 55 représente cette charrue vue de côté,
et la fig. 56 la représente en plan. Dans la fig. 57
on a indiqué, à gauche, le soc et les coutres qui
l'accompagnent vus de face, et à droite, le soc et
son versoir également vus de face.

Nous pensons que l'on pourrait éviter les deux
coutres en faisant au soc deux oreilles élevées à
tranchants obliques O (fig. 64), placées en avant
de la lame tranchante, comme celles de notre rigoleur; ce soc à oreilles est indiqué dans la fig. 57 *bis;*
il est représenté à gauche vu de face, au milieu en
plan, et à droite vu de côté.

Il faudrait avoir deux ou trois de ces socs pro-
portionnés aux largeurs et profondeurs des diverses
rigoles.

Le croissant coûte 5 fr.;

Le tranchoir 18 fr., savoir : 9 fr. pour la lame de scie, et 9 fr. pour le reste ;

Le rigoleur de 20 centimètres de largeur coûte 7 fr. ;

Et le grand de 30 centimètres 8 fr.

IIIme SECTION.

Des Irrigations par infiltration.

L'irrigation par infiltration est celle qui se fait au moyen des eaux qui dorment dans des rigoles, et qui pénètrent lentement dans le sol en s'infiltrant à travers ses bords et son fond. Ces rigoles, devant former réservoirs, doivent être de niveau et en même temps plus larges, et surtout plus profondes que les rigoles de déversement. Elles reçoivent aussi l'eau par des rigoles alimentaires qui peuvent avoir des pentes fortes, parce qu'elles n'ont d'autres fonctions que de remplir les rigoles de niveau.

Ce mode d'irrigation s'applique aux prairies naturelles qui ont trop peu de pente pour y pratiquer des déversements, et plus particulièrement aux prairies artificielles et aux champs cultivés en céréales ou en plantes sarclées, où les déversements sont impraticables parce qu'ils délaieraient et entraîneraient les terres mobiles et les engrais, et qu'ils y formeraient bientôt de petits courants qui les ravineraient. Enfin, ce mode s'applique encore spécialement aux terrains arides, en friches, en sables ou en gravier, sur lesquels des eaux répandues par nappes couleraient trop rapidement et s'évaporeraient promptement ; tandis que pour ces sortes de terrains il importe que l'eau pénètre assez profondément.

Leur utilité pour les céréales et les plantes sarclées. — Pour prouver l'utilité de l'irrigation des champs cultivés en céréales et en plantes sarclées, nous nous bornerons à rappeler ici ce qu'en ont dit, au sujet des cultures de Cavaillon, M. le comte de Gasparin et M. Auguste de Gasparin, son frère, dont nous avons rapporté les citations dans la seconde note des considérations générales. Nous ferons remarquer relativement aux résultats extraordinaires qu'ils ont fait connaître, qu'en supposant que la fertilité particulière du sol soit une des causes principales de la grande multiplication des produits constatés par ces deux agronomes, et en admettant que cette fertilité ait influé pour la moitié dans cette augmentation, il resterait encore, pour l'influence de l'irrigation sur des terrains de moitié moins fertiles, un accroissement quadruple des récoltes, comparativement à celles des terrains semblables et voisins **non arrosés.**

Pour l'arrachage des racines, les labours et les ensemencements. — Les arrosages par infiltration s'emploient encore avec beaucoup d'avantage **pour** faciliter l'extraction des racines, telles que les pommes de terre, les carottes, les betteraves, **les** garances, etc., etc.; on sait combien ces **extrac**tions sont difficiles et coûteuses quand le terrain est sec, et qu'alors soit que l'on emploie **pour les** arracher la houe, la fourche ou la petite **charrue à** soc triangulaire (quand les racines sont en **lignes** ou en raies), il s'en rompt une grande **quantité;** au moyen d'un arrosage fait deux ou trois jours avant l'arrachage, on les extrait facilement **sans** dommages, et quand la charrue **a passé, on les** enlève aisément à la main.

Enfin, ce genre d'arrosage, en l'employant deux ou trois jours avant les labours, **les rend** plus faciles et plus efficaces, et il s'emploie encore très-utilement après les semailles pour accélérer la germination et pour favoriser le développement des racines qui augmente la vigueur des plantes.

On ne peut donner des règles fixes pour les espacements et les dimensions des rigoles à filtration, parce qu'ils dépendent des pentes du terrain, de son degré de perméabilité et de la nature des récoltes , puis encore du volume des eaux dont on peut disposer. Il en est de même pour les quantités d'eau à donner à chaque terrain et à chaque nature de culture , à cause des variétés si nombreuses des sols, des pentes et des climats. C'est au cultivateur à se guider d'après les connaissances de son terrain , et d'après les exemples des pays voisins ou analogues , sur lesquels il existe des irrigations du même genre que celles qu'il veut établir. Nous nous bornerons à faire observer qu'en général, et à moins que le terrain ne soit très-perméable , il faut beaucoup moins d'eau pour ces sortes de cultures que pour les prairies naturelles, parce qu'elles n'ont pas besoin d'être aussi fortement baignées , et parce que dans les arrosages par infiltration toute l'eau pénètre dans la terre , et qu'il y a beaucoup moins de perte par évaporation que dans les irrigations par déversement sur de grandes surfaces.

Nous ne parlerons pas ici des rigoles à infiltrations souterraines qui produisent d'excellents effets, mais qui exigent de grands travaux et de très-grandes dépenses. On voit un exemple remarquable de ce système à l'admirable ferme modèle d'Hofwil, qui a illustré M. de Fellemberg. Là, des canaux souterrains, parfaitement disposés, servent à la fois à assainir et à dégorger les eaux surabondantes quand on laisse leurs débouchés libres, et de moyen d'arrosage souterrain par infiltration quand on y retient les eaux, au moyen de petites vannes que l'on ferme et que l'on ouvre à volonté. Mais, nous le répétons, ce système, bien que très-remarquable et digne d'éloges, ne peut s'établir que sur des terrains à pentes régulières et douces, et par des propriétaires assez riches pour rechercher ce degré de perfection.

Nous ferons seulement remarquer que quand on est obligé de faire des canaux couverts pour assainir des terrains aquatiques, et qu'ils ont des pentes douces, on peut facilement placer à leurs débouchés de petites vannes pour les fermer et y retenir les eaux pendant les sécheresses.

Revenant maintenant aux irrigations par infiltration au moyen de canaux découverts, nous rappellerons que nous avons dit plus haut que les rigoles destinées à remplir cet office devaient être presque horizontales et en même temps assez larges et assez profondes pour remplir l'office de petits réservoirs, et que c'est surtout avec les eaux pluviales qu'il convient d'établir ce mode d'irrigation, comme nous l'avons expliqué dans les considérations sommaires qui précèdent ce Traité.

Quand les rigoles d'infiltration qui doivent être tracées horizontalement ont une grande longueur, pour que l'eau puisse arriver facilement à leurs extrémités on augmente, à mesure qu'on s'éloigne de leur origine, leur largeur et surtout leur pro-profondeur en donnant à leurs fonds une pente légère d'un demi-millimètre, et au plus d'un milli-mètre par mètre, mais leurs bords doivent toujours être de niveau.

Les rigoles alimentaires destinées à conduire l'eau aux rigoles-réservoirs d'infiltration peuvent avoir des pentes fortes sans inconvénient, on leur donne celle que le terrain permet.

Première application aux cultures sur labour. — Lorsque les champs destinés à produire des cé-réales ou des racines, que l'on veut arroser, sont en pentes très-douces et presque de niveau, il suffit d'ouvrir sur les sommets des planches bombées, ou des billons, des rigoles–réservoirs longitudinales dont l'extrémité d'aval est fermée; les eaux, en s'infiltrant, descendent de chaque côté vers les raies de séparation des billons et s'y réunissent. S'il en restait de stagnantes dans ces raies, on en as-surerait l'écoulement en creusant les raies à l'aval.

Quand les champs à arroser ont des pentes pro-noncées, les rigoles d'infiltration ne peuvent plus être longitudinales, on les fait transversales et alors exactement de niveau sur toute leur étendue; les billons étant ordinairement bombés dans le

7.

milieu, il en résulte que les rigoles tracées de niveau en travers des billons forment des courbes semblables à des festons, comme on les voit indiqués dans la fig. 64.

Pour les remplir, on établit des rigoles alimentaires R R, dont les raies de séparation des billons, de deux en deux, comme dans la fig. 64, ou de trois en trois billons, selon l'abondance des eaux et le degré d'humidité que l'on veut donner au champ.

A chacune des rencontres S, S, des rigoles alimentaires R R, et des rigoles horizontales d'infiltration T T, il y a un arrêt formé d'un gazon, d'une tuile ou d'une planchette, concave dans son milieu, pour que quand la première rigole horizontale est remplie, le surplus de l'eau passant par-dessus l'arrêt arrive à la seconde, et ainsi de suite ; en sorte que l'on n'a à faire aucune manœuvre.

On ne peut établir ces rigoles qu'après les travaux de labours, d'ensemencements, et de hersage terminés, parce qu'ils déformeraient et rempliraient les rigoles. En les creusant après les ensemencements, on sème aux environs la terre qu'on en retire, pour que la semence de leurs emplacements ne soit pas perdue.

Les distances et les dimensions des rigoles d'infiltration dépendent de la pente, de la nature du sol et du degré d'humidité nécessaire pour la culture à arroser. Dans les pentes fortes l'infiltration s'étendant plus loin que quand la pente est douce, on les éloigne davantage; il faut les rapprocher quand la pente est faible et quand le terrain est très-perméable, et plus dans le midi que dans le centre et l'est de la France.

Lorsque la pente des champs à arroser est très-prononcée, les rigoles alimentaires pourraient se raviner par la rapidité de l'eau et par les petites chutes qui ont lieu aux arrêts de retenue; pour diminuer cet inconvénient il faut éviter de labourer le terrain des raies de séparation dans lesquelles on établit ces rigoles, et même, quand le terrain est léger, il faut gazonner le fond de ces raies en forme de rigole concave; alors elles sont permanentes, et l'on n'a à renouveler chaque année que les rigoles transversales d'infiltration après les labours et les hersages, comme nous l'avons dit plus haut.

Les arrosages destinés à amollir la terre pour faciliter l'arrachage des racines, ou les labours, ou bien à accélérer la germination des semences, se font exactement comme ceux que nous venons de décrire pour les céréales.

On met l'eau deux ou trois jours avant l'arrachage ou le labour, pour qu'elle ait le temps de pénétrer et que la terre soit un peu ressuyée avant de la remuer.

Deuxième application. Arrosage des terrains incultes, en friches ou en gravier. — Quand on veut arroser par infiltration des terrains en friche, des terrains incultes ou des gravières, on établit en travers de la pente générale de grandes rigoles transversales et horizontales larges et profondes ; alors, à raison de leur longueur, on donne à leur fond une pente d'un millimètre par mètre pour que l'eau puisse facilement atteindre leurs extrémités, et l'on fait communiquer ces rigoles par leurs extrémités au moyen de petits canaux descendants et rapides qui suivent la pente du terrain de l'une à l'autre rigole, comme on les voit indiqués dans la fig. 65 ; par ce moyen, les rigoles se remplissent successivement les unes à la suite des autres ; pour cela on a soin, comme pour les rigoles des champs, de former à l'extrémité de chaque rigole horizontale une espèce de gouttière en creusant un peu le milieu de la planchette, ou du gazon qui barre son extrémité, afin de faciliter l'écoulement de son trop plein dans la rigole inférieure.

La fig. 65 représente cette disposition ; l'eau surabondante de la rigole n° 1, dont la pente du fond est de gauche à droite, descend par la rigole alimentaire partielle en pente rapide X X , dans la la rigole n° 2, dont la pente de fond est de droite à gauche, puis le trop plein de celle-ci descend par la rigole rapide Y Y dans la rigole n° 3, dont la pente est comme la première de gauche à droite, et ainsi de suite, les pentes étant toujours établies du point de l'entrée de l'eau au point de sa sortie.

Si le terrain était raboteux, ou présentait beaucoup de racines, de friches ou de cailloux, il faudrait porter les pentes des rigoles d'infiltration à deux et même à trois millimètres pour mètre, afin de donner à l'eau la force de vaincre les résistances multipliées qu'elle éprouve alors en route pour arriver jusqu'à l'extrémité.

Exemple remarquable d'une irrigation par infiltration avec des eaux de ravin, sur un terrain en friche. — Avant de terminer cet article, nous ne pourrons nous refuser au plaisir de citer un exemple remarquable d'amélioration d'un mauvais terrain en friche, opérée par un agriculteur habile, avec lequel nous sommes liés d'amitié (M. Hauducœur, maire de Bures, près d'Orsay, département de Seine-et-Oise) qui, de son propre mouvement et sans avoir connaissance d'aucun ouvrage sur les irrigations, en a fait plusieurs excellentes applications.

M. Hauducœur avait acheté un terrain de six

hectares en pente très-rapide et en friche, qui ne donnait qu'un très-maigre pâturage. On ne le labourait pas parce qu'il était très-graveleux; on n'y mettait pas de fumier parce que le terrain était considéré comme trop mauvais, et qu'à cause de la rapidité de la pente, les eaux pluviales entraînaient trop facilement les engrais.

Ce terrain, qui est représenté dans la fig. 66, est bombé dans son milieu, il a la forme générale d'une portion de cône, ou d'un demi-pain de sucre tronqué; il est bordé par deux ravins à pentes fortes et à cascades, l'un Z, Z à droite et l'autre, etc., etc. à gauche (fig. 66).

Ces ravins sont formés par l'écoulement des eaux pluviales qui descendent d'un vaste plateau en culture situé au-dessus de ce terrain que l'on nomme *la pente;* les eaux y arrivant en abondance et avec une grande vitesse à la suite des pluies, corrodaient fortement leurs rives, et elles n'étaient que nuisibles; M. Hauducœur a arrêté à peu de frais les dégradations que causaient ces ravins et les a rendus utiles et fertilisants.

Il a partagé le lit de ces ravins en plusieurs sections à peu près égales entre elles; à l'origine de chacune de ces sections, il a formé un barrage de deux ou trois rangs seulement de grosses pierres brutes; au pied de chacun de ces barrages il a mis

quelques grosses pierres pour former enrochement, rompre la chute, et empêcher les affouillements. Sur le bord de chacun des petits bassins formés par les retenues du ravin de droite, il
a fait sur son terrain une tranchée plus basse
que le dessus du petit barrage de la retenue, et
à la suite de cette tranchée il a ouvert une large
rigole en pente très-douce et traversant horizontalement tout son terrain, jusqu'auprès du ravin
gauche.

Il a établi ainsi les quatre rigoles n°s 1, 3, 5 et
7 dérivées du ravin de droite, et 3 rigoles semblables n°s 2, 4 et 6, dérivées du ravin de gauche.
Lors des crues, les eaux qui arrivent aux premières
retenues entrent naturellement du premier bassin
du ravin de droite dans la rigole n° 1 et du premier bassin du ravin de gauche dans la rigole n° 2;
lorsque ces premières rigoles sont pleines, les
eaux passant par-dessus les deux premiers petits
barrages arrivent aux deux seconds et remplissent
les rigoles n°s 3 et 4, et ainsi de suite.

Lorsqu'il arrive que l'un des deux ravins donne
beaucoup plus d'eau que l'autre, on fait descendre le trop-plein des rigoles qui en dérivent,
dans celles qui appartiennent à l'autre ravin par
de petites rigoles rapides de communication
des extrémités des unes aux têtes des autres, et

elles sont encore, même dans ce cas, toutes également remplies.

Par ce moyen, ce terrain, bien pénétré par infiltration, est devenu très-productif; de plus, les limons et les engrais entraînés du plateau supérieur par les eaux pluviales et qui jadis se perdaient, se déposent dans les rigoles, donnent un très-bon engrais que l'on répand sans transports, en les jetant à la pelle sur les zones intermédiaires, entre les rigoles, dont cette opération fait le curage, pour faire place à de nouveaux dépôts.

Depuis ces travaux, ce terrain que l'on nomme *la pente*, sur lequel on s'est borné à semer de la graine de foin, est devenu une excellente prairie qui, sans être fumée, donne d'abondantes récoltes de très-bon foin. Quand on n'a pas besoin d'eau, on se borne à boucher les entrées des rigoles avec des gazons.

Nous ferons remarquer que quand il y a surabondance d'eau et quand la saison est favorable, au moyen de petites saignées faites dans les bords des rigoles, qui sont de niveau, on opère des déversements partiels sur les parties des zones intermédiaires entre les rigoles, et on réunit ainsi en même temps, à volonté, l'effet du déversement et celui de l'infiltration.

Observation sur l'utilité dont serait l'application

générale de cet exemple. — Cet exemple est d'autant plus intéressant, qu'il y a immensément de terrains stériles dans des situations analogues; où l'on peut facilement opérer la même transformation, sans avoir de cours d'eau constants disponibles pour l'irrigation, car on voit qu'ici M. Hauducœur n'a fait usage que des eaux pluviales et accidentelles.

Tous les terrains en pentes fortes sur les déclivités des coteaux qui bordent les plateaux et qui forment les flancs des montagnes, soit qu'ils se trouvent en friches, en pâtures, en champ, ou en bois, peuvent être améliorés par cet ingénieux procédé, parce que presque toujours ces sortes de terrains arides où l'eau ne peut pas s'arrêter et qu'elle pénètre difficilement, sont dominés par des plateaux plus ou moins accidentés qui reçoivent d'abondantes eaux pluviales, lesquelles descendent ordinairement avec rapidité et presque toujours en dégradant les fonds inférieurs; il est en général facile de les dériver par des rigoles spéciales établies aux endroits où ces eaux affluent à différentes hauteurs de leur passage pour les réunir dans des réservoirs, ou dans de larges rigoles de faible pente pour les y laisser pénétrer lentement par filtration. Nous sommes persuadé que sur les 8 millions d'hectares de terrains incultes de la

France, la moitié au moins pourrait être fertilisée par ce procédé.

Nous avons indiqué au chapitre des eaux nuisibles, les travaux à faire dans les ravins pour retenir les eaux rapides par étages successifs au moyen de petits barrages concaves faciles à exécuter et pour les empêcher de corroder leurs berges, en sorte que l'on peut à la fois, en établissant ces barrages, faire cesser les dommages que causent ces ravins et de nuisibles les rendre profitables, sur leurs deux rives, aux terrains qu'ils traversent en suivant le procédé décrit ci-dessus.

Dans les endroits où les eaux pluviales qui descendent des plateaux ou des terrains supérieurs, se disséminent en filets sur des pentes à peu près régulières, il est ordinairement facile de les réunir au moyen de rigoles en écharpe et de les conduire ensuite aux endroits où on veut les utiliser.

Ces sortes de courants, soit naturels, soit artificiels, étant temporaires et ne donnant de l'eau que par les pluies, ne peuvent en général être utilisés qu'en irrigation par filtration, à cause de leur intermittence et de leur défaut d'abondance ; puis, parce que quand il pleut, il est inutile d'arroser la superficie ; mais les rigoles à filtration, étendant la durée des effets des pluies, en deviennent un complément d'autant plus utile, que sur les pentes des coteaux les pluies ne pénètrent que fort peu dans le sol. Quand on veut employer ces eaux pour des irrigations par déversement, il faut remplir des réservoirs assez spacieux que l'on établit à l'amont de sa propriété, en creusant le sol, ou bien dans de petits étangs que l'on forme en barrant un bas-fond, ou une petite gorge.

Troisième application. De l'irrigation des bois. — L'on n'a guère jusqu'ici songé à appliquer l'irrigation aux bois ; cependant elle leur est aussi très-utile. M. Chevandier, fils de M. Chevandier, pair de France, et directeur de la manufacture de glaces de Cirey, dans les Vosges, l'a prouvé avec toute évidence, par les belles expériences qu'il a faites en grand, et pendant plusieurs années, dans les vastes forêts qui entourent cette manufacture.

Les résultats qu'il a constatés, et qui sont précis et très-remarquables, ayant été publiés avec détail dans les *Annales forestières,* ne laissent aucun doute sur les grands avantages de ces applications (1).

(1) Il résulte des expériences et des observations faites avec un grand soin pendant plusieurs années, par M. Chevandier, sur de grandes forêts, en sapins, en chênes et en hêtres, que les terrains fangeux, à eaux stagnantes, sont les moins productifs, et qu'ils ne donnent en moyenne qu'un kilogramme en accroissement annuel de bois, pour un sapin dans la force de l'âge.

Que sur les terrains secs cet accroissement est de 3 kilogrammes ; que pour des sapins arrosés par les eaux de pluie,

Les bois renferment souvent, quand ils ont quelque étendue, des sources ou des ruisseaux qu'il est facile d'utiliser en irrigation, et on peut toujours, au moyen de rigoles établies en écharpe sur les pentes, recueillir les eaux pluviales et les diriger sur les parties en pentes rapides qui en ont le plus besoin et qui sont ordinairement peu garnies de bois, à cause de l'aridité qui résulte de ce que les eaux pluviales s'en écoulent trop rapidement.

Souvent les bois occupent des plateaux élevés, et alors il arrive que les parties plates ou concaves

l'accroissement est en moyenne d'environ 8 kilogr. 25, et que pour ceux qui sont arrosés par des courants continus, voisins, mais ne touchant pas les racines, c'est-à-dire qui reçoivent l'eau par infiltrations, l'accroissement annuel varie de 11 à 20 kilogrammes. L'influence des eaux sur les chênes et sur les hêtres est à peu près dans le même rapport.

M. Chevandier a établi dans ses bois de larges rigoles horizontales pour arroser par infiltration ; la dépense a été de 7 centimes par mètre courant de fossé, et en moyenne de 40 francs par hectare.

Lorsque je publiai en 1844 une petite notice sur les assainissements des forêts (dans laquelle je conseillais d'employer les eaux produites par ces opérations, à l'irrigation des parties arides, au moyen de larges rigoles d'infiltration, pour empêcher les effets nuisibles de ces eaux à leur sortie du bois, et pour les rendre profitables), je n'avais nulle connaissance des expériences de M. Chevandier, et c'est avec une grande satisfaction que j'ai appris qu'elles confirmaient mes conseils par des résultats qui dépassent de beaucoup les espérances que j'avais conçues.

de ces plateaux retiennent les eaux qui y sont stagnantes et dès lors nuisibles. Pour les assainir, il faut y faire des saignées et des fossés qui sou-tirent et réunissent ces eaux; on commence à gé-néraliser ces opérations dont on a enfin reconnu l'importance, mais loin de songer à utiliser les eaux de ces assainissements, on les laisse s'écouler sur les fonds inférieurs : y arrivant avec une abon-dance inaccoutumée dans des lits trop étroits, ces eaux causent des inondations et des dommages qui excitent des plaintes nombreuses et qui pourront déterminer des procès d'autant plus difficiles à juger que la législation sur cette matière est presque nulle, ou du moins trop peu explicite.

Si les propriétaires des bois connaissaient l'uti-lité des irrigations par infiltration, au lieu de lais-ser écouler leurs eaux d'assainissement, ils les dériveraient, de distance en distance, dans de larges rigoles horizontales, ou plutôt en pentes très-douces, ouvertes sur les revers et les flancs inclinés qui sont presque toujours arides : on peut encore, quand les eaux coulent dans de petites gorges, y former, au moyen de barrages établis de distance en distance, des réservoirs où on les pren-drait pour irriguer, pendant les sécheresses, les revers et les pentes arides, en employant des rigoles d'infiltration en pentes très-douces et de grande largeur. Par ce procédé, on doublerait l'utilité des assainissements et on ferait cesser les dommages et les sujets de plaintes des propriétaires des fonds inférieurs.

Les eaux qui proviennent des forêts contiennent souvent des principes acides ou astringents, qui proviennent de la dissolution des vieux bois en décomposition, ou des feuilles macérées par leur séjour à terre ou dans l'eau ; alors il faut avoir soin, pour les améliorer, d'y mêler de la chaux vive, des matières animales en putréfaction, ou du fumier consommé. Il faut aussi avoir soin de faire enlever par les gardes, les feuilles et les menues branches qui s'accumulent dans les rigoles des forêts.

Quatrième application. Irrigation des terrains à reboiser. — L'irrigation par infiltration est encore la condition essentielle du succès des reboisements des terrains en pentes fortes. Les terrains très-inclinés et en friches sont généralement arides et ont peu de terre végétale ; ce serait donc en vain que l'on ferait de grandes dépenses pour les reboiser, si l'on n'y faisait pas préalablement et avant toute autre préparation, les travaux nécessaires pour procurer aux semis ou aux jeunes plantes, l'humidité indispensable pour les faire prospérer ; sans cela, ils souffriraient longtemps, une grande partie périrait, et les faibles produits que l'on obtiendrait, après une longue attente, ne pourraient jamais indemniser des sacrifices que l'on aurait faits pour reboiser.

Ainsi, ce serait en vain que l'on prescrirait les reboisements, que les administrations prendraient des mesures réglementaires et que le gouvernement accorderait des encouragements, si l'on n'avait pas le soin d'assurer l'irrigation, par infiltration, des jeunes plantations sur les terrains nus.

Ces irrigations doivent se faire comme celles que nous avons indiquées précédemment pour les terrains en friche ; il n'est pas absolument nécessaire d'avoir des eaux étrangères au sol, ou des ruisseaux pour ces sortes d'irrigations, l'aménagement des eaux pluviales, au moyen de réservoirs formés dans des plis de terrains ou de petites gorges, et même de simples rigoles horizontales, larges et profondes et disposées par étages, pour retenir et conserver les eaux des pluies et pour les empêcher de laver le terrain, suffiraient pour garantir les semis et les jeunes plantes et pour leur procurer une humidité suffisante.

C'est donc là le premier travail qu'il faut faire avant de s'occuper d'un reboisement, et on sera certain d'être largement indemnisé des dépenses que l'on aura faites pour l'exécuter. Nous ferons observer en passant que quand il s'agit de semis ou de jeunes plantations d'arbres verts ou résineux, il faut, pour en assurer le succès, commencer par garnir le terrain avec des oseraies, si le terrain a assez de fraîcheur ; sinon, avec des jeunes bouleaux, semés, ou plantés trois ou quatre ans avant les semis ou les plantations d'arbres verts, parce que ceux-ci ont besoin, pour bien végéter, d'être abrités, dans leur jeune âge, et que les oseraies et les bouleaux, ont le double avantage de les garantir du soleil, de maintenir par leur ombrage l'humidité du sol qui leur est indispensable, et de donner un premier produit assez notable.

IVme SECTION.

Observations sur les irrigations, et principes généraux
sur leurs applications.

Nous avons déjà dit, en parlant des irrigations, qu'il était impossible de donner des règles fixes, et partout applicables, sur plusieurs parties des procédés à suivre dans les irrigations, telles que les dimensions et les distances des rigoles de déversement ou d'infiltrations, parce qu'en effet leur fixation dépend des pentes du terrain, de leur plus ou moins grande perméabilité, puis de l'abondance d'eau dont on peut disposer, et que toutes ces données changent, non-seulement dans chaque contrée, mais même pour chaque champ ou pré, et qu'il faut encore considérer le climat des pays où l'on opère. Il en est de même pour la quantité d'eau à donner à chaque terrain, parce que cette quantité dépend aussi d'une foule de conditions très-variables de leur nature ; les auteurs qui en ont parlé dans leurs prescriptions diffèrent de 1 à 3, et même dans quelques-unes de 1 à 5. Nous avons donné précédemment quelques indications générales à ce sujet, mais l'expérience seule peut être un guide sûr pour chaque localité, et un cultivateur intelligent reconnaîtra bientôt après quelques essais préliminaires, faits d'abord sur des portions de terrain peu étendues, ce qui convient mieux à celui qu'il veut irriguer.

Il est une règle générale que nous rappellerons avec d'autant plus d'insistance qu'elle est une condition essentielle et indispensable de succès ; c'est que des irrigations incomplètes et insuffisantes, et qui ne pénètrent pas le sol à 8 centimètres au moins de profondeur, ont peu d'efficacité, parce que l'évaporation trop prompte détruit la majeure partie de leurs effets.

Lorsqu'on n'a pas une assez grande abondance d'eau pour arroser complétement une prairie par

déversement, il faut se borner à arroser par filtration, parce que ce mode exige moins d'eau et
donne bien moins de prise à l'évaporation, et
quand l'eau ne suffit pas pour tout arroser de
cette manière, il vaut bien mieux restreindre l'irrigation à une partie seulement qui puisse être
bien et totalement baignée, que de disséminer son
eau en faibles nappes sur de grandes étendues.
Cette prescription s'applique à tous les terrains.

Quant aux pentes à donner aux canaux et aux
rigoles, nous en avons indiqué quelques-unes
pour les rigoles principales ; nous avons dit aussi
que les pentes des rigoles alimentaires pouvaient
varier sans inconvénient, mais qu'elles devaient
avoir au moins 3 millimètres par mètre pour fournir abondamment les rigoles de déversement ou
d'infiltration ; celles-ci devant être horizontales, il
n'y a point de difficultés ni d'embarras pour leurs
tracés.

Les canaux de dérivation qui amènent les eaux
doivent avoir une pente assez prononcée pour
fournir facilement et rapidement toute l'eau nécessaire pour remplir en même temps toutes
les rigoles alimentaires qu'ils doivent desservir.
Lorsque l'on ne peut pas leur donner une pente
assez forte, il faut leur donner de grandes dimensions en largeur et profondeur, on doit toujours

établir un marche-pied ou un sentier sur l'un des bords de ces canaux pour les visiter et les entretenir en bon état. Pour une prairie de moyenne grandeur, quand ces canaux ont plus de 50 centimètres de largeur et de 40 centimètres de profondeur, et quand leur fond est dallé en pierres plates, en briques ou en tuiles, une pente d'un demi-millimètre par mètre peut suffire en les tenant en bon état de curage. Pour les rigoles principales ou de répartition des eaux, qui ont ordinairement de 35 à 40 centimètres de largeur et moins de 30 centimètres de profondeur, il faut, quand elles sont simplement en terre, un millimètre et demi par mètre, et 2 millimètres de pente quand ils n'ont que 30 centimètres de largeur, et de 10 à 20 centimètres de profondeur (1).

Les nivellements des pentes se font au niveau d'eau ou bien au niveau de maçon dont nous avons expliqué précédemment l'emploi. Ils peuvent être faits par des agents-voyers, des arpenteurs ou des maîtres d'école, qui, maintenant,

____

(1) Quand on ne peut donner que des pentes faibles, il faut daller le fond des rigoles, et faire leurs bords en petits murs à surfaces très-unies. Quand on ne peut pas, il faut avoir grand soin de curer les canaux fréquemment, et de rafraîchir leurs bords pour empêcher que les herbes qui occasionnent beaucoup de frottements ne nuisent à l'écoulement de l'eau.

apprennent à se servir de ces instruments. Pour les rigoles de niveau, ou en pentes douces, un ouvrier un peu intelligent peut très-bien les exécuter sans nivellement, en introduisant l'eau dans l'ouverture commencée de la rigole et en la faisant suivre à mesure qu'il avance son travail de creusement.

Quant aux époques auxquelles il convient d'arroser; pour les prairies, il est bon d'arroser souvent l'automne après les regains coupés et au commencement de l'hiver, avant la gelée, parce que les racines de l'herbe croissent, se fortifient et tallent davantage à cette époque, et que par là l'herbe prend de la force, résiste mieux aux gelées, et pousse de meilleure heure et plus abondamment au printemps. Mais quand on arrose il faut se garder de laisser venir les animaux en pâturage, car ils font alors beaucoup de mal avec leurs pieds qui froissent l'herbe et produisent des enfoncements, lesquels, par la stagnation des eaux qui y séjournent, donnent naissance à la mousse et aux mauvaises herbes.

Quand les gelées arrivent, il faut cesser les arrosements, à moins que l'on n'ait assez d'eau pour former une nappe continue et suffisamment renouvelée pendant leur durée; c'est le moyen d'avoir de l'herbe de bonne heure et en grande abondance ; mais si après avoir baigné par nappe, on interrompt et qu'il gèle fortement, il en résulte dommage et réduction notable de produits. Si l'on veut faire pâturer la première herbe du printemps il ne faut jamais y mettre de gros bétail, mais seulement de jeunes bêtes à laine pour avoir de beaux agneaux de Pâques.

On n'arrose pendant la croissance de l'herbe au printemps et au commencement de l'été que suivant le besoin qui résulte des sécheresses. Si c'est au commencement du printemps, on arrose le matin ; à la fin de cette saison et en été dans les chaleurs, il ne faut arroser que le soir et laisser couler toute la nuit.

Après la première récolte on met l'eau très-abondamment plusieurs jours de suite, et surtout pendant les nuits ; on commence l'irrigation deux ou trois jours après la fauchaison.

Quelques cultivateurs prétendent qu'il est bon d'arroser immédiatement avant la fauchaison, et même que le faucheur ait les pieds mouillés, parce que, disent-ils, cette fraîcheur enlève le feu de la faux qui nuit à l'herbe ; nous n'avons pas été à même de vérifier cette opinion dont nous ne comprenons pas bien le fondement ; peut-être serait-ce pour empêcher la dessiccation trop forte des pieds des graminées au-dessous de la section opérée par la faux.

Pendant la croissance des regains on n'arrose qu'en cas de sécheresse, le soir s'il fait chaud, le matin si la chaleur est faible ou s'il règne un vent froid et hâlant.

Nous recommandons de tenir, autant qu'on le peut, les rigoles principales pleines d'eau, même dans les intervalles des irrigations, par deux raisons, la première, c'est que les parties les plus élevées de la prairie sur lesquelles ces rigoles sont toujours situées, étant les plus sèches et celles qui sont les moins arrosées, l'infiltration lente qu'elles en recevront leur sera fort avantageuse; la seconde, c'est qu'on empêchera par là les taupes de percer et de dégrader ces rigoles.

En général, pour qu'un arrosage par déversement fasse effet, il faut le maintenir deux ou trois jours de suite pour que l'eau pénètre assez profondément dans la terre, et nous répéterons encore ici, parce que cela est important, qu'il vaut mieux n'arroser qu'une partie du terrain complétement que d'arroser tout légèrement; et que quand on a trop peu d'eau pour bien arroser par submersion ou par déversement, si l'on veut l'appliquer à de grandes étendues, le meilleur et

le seul moyen est de la répartir par rigoles d'infiltration, et que ce dernier mode est le seul prati-
cable pour l'emploi des eaux pluviales, lorsqu'on
ne peut pas les réunir et les conserver dans des
réservoirs assez vastes pour les en tirer au besoin
en grande quantité, quand on veut les appliquer
à des irrigations par déversement.

Les terrains en pentes sont ceux où il importe
le plus de retenir les eaux pluviales dans de larges
rigoles d'infiltration, parce qu'ils sont ordinairement les plus arides, que les eaux y coulant avec
rapidité ne les pénètrent pas et entraînent la terre
la plus fine et leurs engrais naturels ou artificiels.
Lorsque ces sortes de terrains sont dominés par
des plateaux, les eaux qui en descendent lors des
pluies sont ordinairement abondantes et riches;
en les recueillant au passage et en les arrêtant
dans des rigoles horizontales, on les empêche de
nuire, on féconde les pentes qui en ont le plus
grand besoin et on prévient le ravinement et la
perte gratuite de ces eaux et de leurs principes
fécondants.

Vme SECTION.

Roulage des prairies.

Une opération très-utile pour l'amélioration des prairies naturelles est celle des roulages avec des cylindres en fonte ou en bois; ces roulages doivent s'exécuter surtout l'automne et le printemps, quand la terre étant encore humide, sa surface n'est plus mouillée et qu'elle commence à sécher.

Ces roulages font taller l'herbe et multiplier les tiges des graminées, puis ils affermissent le terrain, compriment les chemins des taupes, puis régalent les petites élévations et les petites cavités; ils préviennent par là les effets des stagnations partielles des eaux, et rendent le fauchage plus facile et plus complet; il faut avoir soin, avant de rouler, d'abattre et d'étendre les taupinières anciennes ou nouvelles.

Les cylindres que l'on emploie à cet usage doivent être de grand diamètre, pour que le terrain mou ou compressible ne se refoule pas en avant du cylindre, puis pour que cet instrument n'enfonce pas trop, et pour que les animaux employés à les tirer n'aient pas à faire d'assez grands efforts pour que leurs pieds enfoncent dans la prairie ; c'est pourquoi il faut toujours atteler à ce tirage deux ou trois et même quatre bêtes de trait, et plutôt des chevaux que des bœufs.

On peut faire les grands cylindres à peu de frais en employant des vieilles roues de roulage à larges jantes, sur lesquelles on attache des madriers jointifs en bois dur, avec de fortes broches en fer ; on peut ajouter, pour fortifier, des cercles en fer qui enveloppent de chaque côté les extrémités des madriers et que l'on y encastre de leur épaisseur. On donne à ces cylindres une largeur égale aux deux tiers au plus de leur hauteur ; on met dans chaque moyeu un bout d'essieu, on fait entrer les parties carrées de force dans les moyeux, et on laisse sortir les fusées pour les faire entrer dans les deux côtés du châssis de tirage qui se place en dehors des roues, et que l'on réunit par deux fortes traverses placées devant et derrière.

Quand le terrain est humide, il faut que le cylindre ne pèse pas trop ; alors on l'emploie sans charge ; quand il est résistant, il faut charger le cylindre : pour cela on passe des troncs d'arbres ou des tuyaux en fonte entre les rayons des deux roues qui doivent se correspondre ; on les y assujettit avec des coins de bois ou avec des cordes. La figure 67 représente un de ces cylindres en élévation latérale avec son châssis et sa flèche ; on y voit le cylindre chargé à moitié par des troncs de bois placés de deux en deux raies ; quand on veut le charger complétement on en place, dans tous les intervalles des raies. La figure 68 représente le cylindre en plan ou en projection horizontale. L'usage de ces cylindres ne se borne pas aux prairies, ils peuvent servir aussi et beaucoup mieux que les rouleaux ordinaires pour rouler les champs, parce qu'ayant plus de poids et portant sur une moindre longueur à la fois, ils compriment bien mieux le sol, et en même temps ils sont malgré leurs poids d'un tirage plus facile à cause de leur grand diamètre. En outre ils ont l'avantage de pouvoir être employés à vide sur les terres molles, et chargés sur les terres sèches et résistantes. Ils servent encore très-utilement pour améliorer et entretenir les chemins en terre et les avenues qui, quand ils ont un bombement régulier, n'ont besoin que d'être roulés de temps en temps avec le cylindre quelques jours après les pluies, pour les raffermir et effacer les ornières commencées, et qui alors deviennent d'un bon usage.

Enfin, en les garnissant en fer avec de vieilles bandes de roues jointives, ou avec des plates-bandes de 1 à 2 centimètres seulement d'épaisseur, ils peuvent être employés avec un grand avantage à l'exécution et à l'entretien des chaussées des routes et des chemins vicinaux. Il devrait donc y avoir dans toutes les grandes fermes, ou au moins dans chaque village, un de ces cylindres à louer pour les différents services. Les personnes qui voudront connaître avec détail les moyens d'employer ces cylindres sur les routes, soit pour les chaussées neuves, soit pour leur entretien, et les résultats remarquables de leur emploi constatés par des expériences en grand sur plus de trente routes différentes, pourront consulter le Mémoire que nous avons publié sur ce sujet, en 1844, chez Mathias, quai Malaquais, et qui est intitulé, *Notice sur l'amélioration des routes, et sur l'emploi des cylindres compresseurs.*

Création de prairies par transplantation de gazon. — On peut créer des prairies ou des pâturages fort bons même sur des terrains où les ensemencements de graminées ne réussissent pas. Ce procédé a été employé la première fois en 1816 à Holkam, en Angleterre, par M. Blomfield, fermier du célèbre agronome M. Cok. Cet agriculteur avait semé plusieurs fois sans succès des graines de foin sur un terrain de mauvaise qualité, graveleux et très-léger. Ayant observé avec quelle facilité des gazons situés sur les routes, et non contigus, s'étendaient et se rejoignaient, surtout dans les endroits foulés par les piétons, il essaya d'enlever des gazons et de les transplanter dans son champ par petits carrés de 8 à 10 centimètres de côté, en les séparant les uns des autres du double de leur largeur en tout sens; en sorte qu'un mètre carré de gazon suffit pour garnir 8 mètres carrés de terrain. En plaçant ces gazons, on les enfonce un peu en terre, puis on passe sur le champ un cylindre pesant qui achève de les aplanir. On réitère à différentes reprises les roulages, pour faire tasser et taller les gazons. En peu de temps l'herbe se propage, garnit tous les intervalles, et forme alors une prairie si le terrain est bon, et un pâturage bien garni si le terrain est aride et graveleux. On l'améliore ensuite progressivement avec des engrais. La dépense est de 70 à 80 fr. par hectare : on recueille des gazons par petits carrés ou par bandes sur les bords des chemins, dans les fossés, etc. Quand on établit des irrigations à proximité, on prend pour cet usage les bandes enlevées par la bêche concave pour ouvrir les rigoles. Quand on est obligé de prendre des gazons sur une prairie, le mieux est de les enlever par lanières parallèles de 12 à 15 centimètres de largeur, qu'on lève avec une bêche étroite; on roule ensuite fortement le pré, duquel on a enlevé les lanières, pour aplanir les bords des petites tranchées et pour disposer le gazon à s'étendre sur les côtés pour regarnir les places qui ont été pelées.

L'irrigation, quand elle peut être employée sur les prés formés par transplantation, accélère beaucoup le développement de l'herbe sur les lacunes, et aide à convertir les mauvais terrains ainsi traités en bons prés.

M. Molard dit qu'il a vu à Holkam 10 hectares de terrain graveleux qui ne valaient que 50 fr. l'hectare, et qui au bout de trois ans étaient devenus, par la transplantation, de bons prés très-unis et avaient acquis une valeur de 500 fr.

VIme SECTION.

Des limonages.

Les limons et les vases, dont presque tous les cours d'eau sont chargés après des pluies abondantes, sont généralement d'excellents amendements, éminemment propres à fertiliser les terres de toute nature, parce que ces limons sont les parties les plus divisées et les plus ténues des terres végétales entraînées par les eaux pluviales, et que les éléments terreux s'y trouvent extrêmement mélangés, en sorte qu'ils donnent aux plantes des substances variées dans lesquelles chacune prend ce qu'il lui convient, et qu'elle l'y trouve dans l'état de ténuité et d'humidité les plus favorables pour l'assimilation végétale. En général, les limons entraînés par les eaux qui passent sur les terrains calcaires sont les plus favorables pour les terrains siliceux ou argileux, et réciproquement les limons provenant des terrains argileux sont les meilleurs pour les terrains calcaires et siliceux. En outre, avec ces limons qui ne sont qu'en suspension, les eaux pluviales entraînent toujours une quantité notable de mucilages végétaux et animaux qu'elles dissolvent en traversant les engrais des terrains supérieurs, et des substances végétales en décomposition. C'est pour cela que les eaux de rivières ou de ruisseaux sont bien plus fécondantes, employées en irrigation, que les eaux de sources et d'étangs.

Mais les rivières entraînent, indépendamment de ces limons, des sables et des graviers qui ne seraient pas utiles et qui pourraient être nuisibles. Pour n'avoir que les limons fécondants, il faut établir les prises d'eau de manière à ne dériver dans les canaux d'irrigation que les eaux de la nappe sépérieure du courant qui ne contient que les limons fins.

Pour n'avoir que les limons fins, il faut placer

aux prises d'eau des vannes dont la partie inférieure soit fixe, et dont la partie supérieure soit
composée de deux ou trois planchettes mobiles que
l'on enlève suivant la hauteur de l'eau et le besoin.
Pour répandre les limons sur les terrains on peut
employer le système de submersion générale quand
le terrain est enceint de digues et que l'on a assez
d'eau; quand ces deux conditions n'existent pas,
on emploie le système de déversement; mais pour
obtenir des dépôts notables de limons, attendu que
les eaux troubles ont généralement peu de durée,
il faut, autant que possible, couvrir les terrains de
nappes d'eau d'une certaine hauteur.

Sur les terrains plats, ou en pente très-douce et
que l'on peut facilement submerger, cela est facile,
et les dispositions que nous avons indiquées pour
l'irrigation par submersion en nappes sont suffisantes; il ne s'agit que de les entourer d'une banquette, d'y introduire les eaux troubles et de les
évacuer dès qu'elles s'éclaircissent.

Sur les terrains en pentes prononcées, qui ont
par exemple plus de 5 millimètres par mètre, les
submersions générales ne sont pas applicables; on
ne peut les limoner que légèrement au moyen de
l'irrigation par déversement.

Quand on a des prairies en pente moyenne,
comme le sont presque toutes les prairies des val-

lées, on peut opérer le limonage par submersion. Pour cela, il faut d'abord établir au bas et sur les côtés de la prairie des banquettes d'enceinte dont la hauteur dépend du volume d'eau limoneuse que l'on peut obtenir ; ensuite on la partage en grandes zones au moyen de petites levées horizontales, établies de distance en distance transversalement à la pente générale du terrain, afin de le diviser en autant de larges bassins plats ou en pentes modérées. On donne aux petites levées des talus très-doux, surtout sur le revers d'aval, et on les gazonne complétement. Pour éviter des transports de terre, on creuse à l'amont des emplacements de ces petites levées des fossés très-évasés ; la terre qui en provient sert à faire vis-à-vis le remblai de la levée, on la revêt sur le couronnement et à l'aval avec les gazons levés pour faire le fossé, et on sème ce fossé qui se gazonne promptement. Quand on a des eaux limoneuses, ces fossés se comblent en quelques années par les dépôts des vases et limons.

Ces petites levées transversales et leurs fossés sont représentés en plan par la fig. 69, dans laquelle on a supposé le terrain à limoner divisé en trois nappes par deux banquettes transversales, et par la fig. 70, qui représente la coupe du terrain ainsi divisé perpendiculairement aux banquettes.

Les distances des petites levées transversales ou

banquettes, dépendent de leur élévation et de la pente du terrain. Leurs distances et leurs hauteurs doivent être telles que le couronnement de celle d'aval soit au niveau du milieu de la hauteur de celle qui lui est supérieure, pour que la nappe d'eau contenue entre deux levées ait au maximum, c'est-à-dire à l'aval, la hauteur d'une levée, et au minimum, à l'amont, la moitié de cette hauteur.

Le terrain représenté dans la fig. 69 est supposé un plan incliné régulier, et c'est par ce motif que les petites levées transversales sont droites et parallèles. Si les pentes et les inclinaisons de la prairie étaient irrégulières, les directions des levées seraient obliques les unes aux autres et souvent courbes. En général, les directions de ces petites levées doivent toujours être perpendiculaires ou d'équerre sur les lignes de plus grande pente du terrain à limoner. Chaque levée doit avoir, dans l'endroit où le terrain quelle traverse est le plus bas, une large buse à clapet ou une petite vanne.

Quand on a des eaux troubles disponibles, on ouvre toutes les petites vannes des levées, à l'exception de celle de la dernière levée d'aval, pour que les eaux introduites par le sommet du pré puissent arriver dans le dernier bassin d'aval et le remplir ; quand il est plein jusqu'au couronnement de la dernière levée, on ferme la vanne de la levée située immédiatement au-dessus; le second bassin, en montant, se remplit, alors on ferme la vanne de la seconde levée, en montant, et ainsi de suite. Quand tous les bassins sont pleins, on arrête l'eau à l'amont, et on laisse dormir et déposer celle des bassins; quand elle est à peu près éclaircie, on ouvre les vannes successivement en commençant par celle d'aval. Lorsque tout est vidé, on laisse les dépôts prendre un peu de consistance, et alors si les eaux dont on peut disposer continuent à être troubles, on peut donner un second, et ensuite un troisième limonage, en suivant la même marche que pour le premier.

Pour faciliter l'écoulement des eaux de chaque bassin et pour qu'il n'en reste pas de stagnantes, il faut avoir soin d'établir, dans les parties où le terrain est le plus bas, des rigoles d'écoulement et d'égouttement depuis chaque vanne de levée jusqu'à la vanne de la levée qui la suit.

Les limonages peuvent très-bien se faire dans les prairies traversées de rigoles d'irrigation, mais alors il faut avoir soin de faire concorder les levées avec les subdivisions de l'irrigation, et autant que possible établir les rigoles principales le long des levées.

Comme le limon se dépose en plus grande abondance dans les rigoles à cause de leur profondeur,

il faut avoir soin , quand on rétablit l'irrigation ,
de favoriser le délayement de ce limon dans l'eau
des rigoles, en l'agitant et en grattant le fond avec
des bâtons, garnis au bas de petites palettes de
bois ; les limons ainsi agités et délayés sont entraînés et répandus sur la prairie également par le
déversement des eaux d'arrosage ; ou bien on les
enlève à la pelle et on les sème sur le pré.

Pour que la circulation des voitures ne soit pas
gênée par les petites levées de limonage, de distance
en distance, on allonge leurs talus des deux côtés
pour former de petites rampes, qui sont toujours
faciles à établir, ces levées ayant peu de hauteur.

Ces petites levées peuvent, indépendamnent de
leurs fonctions spéciales, servir à faire traverser
des eaux d'irrigation d'un côté à l'autre de la
prairie au moyen de rigoles principales établies
sur leurs sommets auxquelles on donne alors un
peu plus de largeur.

Quelquefois, bien que rarement, les substances
terreuses tenues en suspension par les eaux des
ruisseaux et des rivières, ne sont pas fertilisantes
et peuvent être nuisibles : il est facile de s'éclairer
à ce sujet plus sûrement encore que par des ana-
lyses chimiques, en employant ces limons recueillis
dans des bassins de dépôt , sur les terrains à limoner et en examinant l'effet qu'ils produisent.

VIIme SECTION.

Répandage des engrais et des amendements liquides ou délayés.

Quand on veut employer des engrais liquides, naturels, comme les urines et les jus de fumier, ou des dissolutions artificielles, mais complètes ou à peu près complètes, de substances fertilisantes, faites dans des bassins établis au sommet des prairies, il ne faut jamais employer ces liquides quand ils sont nouveaux, parce que leur action serait trop vive et souvent nuisible ; il faut attendre un commencement de fermentation bien prononcée, alors ils ne sont plus dangereux et sont au contraire plus efficaces et plus fertilisants. Pour les étendre sur le pré, il faut employer les rigoles de déversement, en donnant peu d'eau grasse à la fois, afin que le déversement soit lent, sans quoi la majeure partie de l'engrais descendrait dans les parties inférieures. Quand on veut répandre des engrais ou des amendements non dissous, mais simplement liquéfiés et délayés, comme des fumiers consommés, des marcs détrempés dans des bassins, du lait de chaux clair, de l'argile ou de la terre franche délayées, pour les répandre sur des terrains trop siliceux, ou bien des sables fins, pour les porter sur un terrain argileux ou en terre franche, il faut employer beaucoup d'eau pour qu'elle ait la force d'entraîner ces matières, et il faut aider l'écoulement et détruire les dépôts et arrêts qui se forment souvent dans les rigoles, au moyen des bâtons à palettes, pour rendre la répartition aussi égale que possible.

On peut aussi dans ce dernier cas, et lorsqu'on a beaucoup d'eau, employer le moyen de submersion par nappes, qui alors doivent être très-minces ; mais ce moyen, qui est expéditif, donne une répartition moins égale, et les eaux que l'on évacue contiennent beaucoup d'engrais dissous qui est perdu, à moins que l'on ne puisse, sans inconvénient, laisser l'eau des nappes s'imbiber presque entièrement en la laissant séjourner cinq ou six jours, ce qui ne peut se faire sans danger qu'en automne ou en hiver.

VIIIme SECTION.

Des colmatages.

Les colmatages diffèrent des limonages en ce que, au lieu de faire déposer par les eaux des vases et des limons fins sur le sol, par irrigations ou par submersion, comme on l'a expliqué précédemment, il s'agit d'obtenir des lits épais des matières que les courants entraînent, soit pour remblayer des marais ou des terrains bas, soit pour accumuler et approvisionner des dépôts de vases et de limons, pour les transporter ensuite, en qualité d'engrais ou d'amendements, sur les champs ou sur les prés.

Quand on veut simplement former des remblais, ce sont les graviers et les sables qu'il faut faire déposer. Ces substances étant contenues ordinairement dans les couches inférieures et moyennes des courants, pour les obtenir, en plus grande abondance, il faut établir sur leurs bords, en tête des canaux de dérivation destinés à charrier ces matétériaux, des vannes dont le haut soit fixe et le bas soit mobile sur la moitié ou les deux tiers de leur hauteur, et dont on puisse à volonté réduire l'ouverture, selon la hauteur des eaux et la grosseur des matériaux que l'on veut faire entraîner. A cet effet, il faut qu'une vanne de fond glisse le long de la partie fixe supérieure.

Pour que les eaux chargées de graviers, de sable ou de terres grossières les déposent, on établit, à l'aval des bas-fonds que l'on veut combler, un barrage en forts clayonnages, perpendiculaires au courant artificiel de dérivation, afin d'arrêter les matériaux et de faciliter leur dépôt en rompant la vitesse du courant.

Lorsque le bas-fond à remblayer a de la longueur et une pente forte, on établit plusieurs barrages successifs, après que les premiers à l'aval ont produit leur effet, pour retenir ensuite les dépôts dans les parties supérieures. Si l'on veut obtenir des dépôts demi-fins, comme du sable ou de petits graviers, on se sert de vannes dont le haut et le bas soient fixes et le milieu seulement ouvert et muni d'une ventelle mobile.

Quand on veut recueillir des dépôts fins de vases et de limons, pour les transporter et les répandre sur des terrains où on ne pourrait pas les faire conduire par une dérivation du courant, il faut établir, sur le bord du ruisseau ou de la rivière limoneuse, une vanne dont le bas soit fixe et dont la partie supérieure soit composée de planchettes mobiles que l'on enlève à volonté, suivant la hauteur des eaux et leur degré de richesse en limon, comme pour les limonages ordinaires ; mais au lieu de conduire les eaux de la nappe supérieure dans des rigoles d'irrigation, on les amène, par un large canal de dérivation, dans des bassins de colmatage disposés spécialement pour la formation de dépôts. Nous allons indiquer le mode d'exécution que nous croyons le plus propre à remplir le but proposé.

Ces bassins doivent être vastes et divisés en compartiments parallèles entre eux, pour augmenter le plus possible la longueur des parcours, et pour que les détours et les sinuosités qui en résultent déterminent le dépôt des matières en suspension, par le ralentissement de vitesse qu'ils produisent. (Voyez la figure 71.)

Les enceintes de ces bassins peuvent être faites en terre bien pilonnée, et leurs divisions longitudinales peuvent s'établir avec de petits murs, ou au moyen de levées en terre gazonnée, seulement, dans leurs parties supérieures : on donne à leur fond une pente suffisante pour l'écoulement facile et complet des eaux.

Quand on veut faire un ouvrage durable, on peut faire le dallage du fond en briques ou en pierres plates, ou bien encore en beton, et revêtir les parois de l'enceinte et des levées transversales avec un simple rang de briques ou de moellons.

Pour empêcher le courant des eaux, dans les canaux sinueux, d'agir sur les dépôts qui tendent à s'arrêter sur leurs fonds, on établit de distance en distance et en travers des subdivisions du bassin (qui ont la même hauteur que son enceinte), de petits barrages en planches, qui ne s'élèvent qu'à la moitié de la hauteur des bords du bassin et de ses subdivisions ; ces petits barrages sont composés de trois planchettes superposées. La fig. 71 représente un de ces bassins avec ses divisions parallèles A A, et les planchettes transversales indiquées par les lettres B B ; les petites flèches indiquent les directions des eaux. A l'extrémité de la dernière division, par laquelle les eaux doivent sortir, il y a une vanne C, dont la base est au niveau du fond du bassin. On laisse d'abord cette vanne ouverte pour déterminer le remplissage de toutes les divisions ; lorsque le courant y est bien établi, on ferme cette vanne et celle d'introduction D, et on laisse les eaux déposer. Quand elles sont éclaircies jusqu'à moitié de leur profondeur, on ouvre la vanne C et on laisse couler l'eau, qui se vide jusqu'au niveau des traverses en planches, entre lesquelles restent les dépôts déjà formés et les eaux les plus chargées ; on les laisse quelque temps en cet état ; puis, quand l'eau restée dans les petits bassins s'est en partie éclaircie à son tour, on enlève toutes les premières planchettes des subdivisions ; cette seconde tranche d'eau étant évacuée, on remet les planchettes enlevées, on laisse les dépôts commencés se consolider, puis on introduit de nouveau des eaux troubles et on opère une seconde fois de la même manière.

Quand on reconnaît que les dépôts dans les cases sont assez abondants, après avoir une dernière fois évacué l'eau supérieure aux petits barrages, on enlève les premières planchettes, en commençant par celle qui est le plus près de la vanne de fuite C, et qui fait évacuer la lame d'eau claire supérieure ; puis on laisse encore reposer et l'on ôte les secondes planchettes ; on laisse la troisième jusqu'à ce que le dépôt soit affermi par l'infiltration ou l'évaporation de l'eau qui y reste mêlée ; et, quand il est solidifié, on ôte le dernier rang de planchettes, en commençant par celle d'amont et en finissant par l'aval, afin d'éviter qu'il ne se forme, d'une case à l'autre, des chutes qui entraîneraient les dépôts ; ensuite, on lève doucement et peu à peu la vanne d'aval pour écouler l'eau qui reste, et on relève à la pelle le limon déposé dans toutes les cases. Le limon enlevé, on remet toutes les planchettes des traverses, pour recommencer une seconde opération semblable lorsque les eaux redeviennent troubles.

On peut multiplier ces bassins suivant le besoin ; mais, en général, il en faut au moins deux, pour que le travail se fasse alternativement de l'un à l'autre, et pour que l'on puisse remplir l'un des deux pendant que les dépôts se ressuient dans l'autre.

Pour faciliter ce ressuyage, il faut donner une pente continue de 4 à 5 millimètres par mètre aux canaux de dépôts, depuis l'entrée jusqu'à leur sortie, et former leur fond en cuvette arrondie, ou y former un angle en inclinant les deux côtés. On favorisera encore cet écoulement en dallant le fond ainsi établi avec des pierres plates ou des briques à plat.

On emploie, en Italie, pour les colmatages, des bassins carrés, divisés sur toute leur superficie en cases carrées, comme un échiquier, au moyen de petits murs fixes d'égale hauteur, qui se croisent à angles droits. On y recueille des dépôts assez abondants; mais nous pensons que le système de bassin que nous venons d'expliquer est préférable, parce qu'il est moins dispendieux; que le ressuyage des dépôts y sera plus prompt, et que le service de leur enlèvement sera beaucoup plus facile que celui des dépôts dans les bassins en échiquier à cloisons fixes.

IXME SECTION.

Des réservoirs et des étangs.

Les réservoirs et les étangs ont le double avantage de réunir et de conserver les eaux de sources, de ruisseaux, ou les eaux pluviales amenées par des rigoles de dérivation, qui, sans ces retenues, s'écouleraient en pure perte, pour les faire servir au besoin aux irrigations, et à nourrir du poisson.

Leurs dimensions dépendent des étendues de terrain dont on peut recueillir et amener les eaux ; de la plus ou moins grande perméabilité du sol, et des volumes d'eau dont on a besoin pour les irrigations.

Quand on n'a besoin que de peu d'eau, pour des prés de peu d'étendue, il suffit d'établir des bassins en creusant le terrain où doit être établi le réservoir, de manière que leurs fonds soient plus élevés que le sommet de la prairie à arroser.

Quand on veut arroser de grandes étendues de terrain, il faut former de véritables étangs.

En général on estime que, pour le centre de la France, quand le terrain est assez compacte, en terre franche ou en bonne terre ordinaire, il faut, pour l'arrosage d'un hectare, pendant 24 heures, 300 mètres cubes d'eau, qui donnent une nappe de 3 centimètres de hauteur.

Quand le terrain est sableux et perméable, il faut de 4 à 500 mètres cubes par hectare.

Quand le terrain est gras et argileux, 200 mètres cubes suffisent.

Pour les champs de céréales et de plantes sarclées, où les irrigations se font uniquement par infiltration et absorption lente, la moitié des quantités indiquées ci-dessus pour chaque nature de terrain est suffisante.

Des bassins ou réservoirs de petite dimension. —
La construction des réservoirs ou bassins exige, surtout quand ils doivent avoir une assez grande profondeur, des soins et des précautions sans lesquels on s'exposerait à perdre ses peines et ses dépenses ; parce que les eaux retenues tendent toujours à s'échapper à raison de la puissance d'infiltration que leur donne la charge qu'elles éprouvent, et que, quand elles ont commencé à pénétrer les parties basses des digues de retenue, les passages qu'elles se sont faits s'agrandissent promptement et causent bientôt la ruine de ces ouvrages.

Quand on peut amener des eaux sur un terrain qui domine celui à irriguer, on peut se borner à y creuser un vaste bassin, en faisant servir les terres du déblai à l'exhaussement de ses bords. Dans ce cas, le travail est facile et n'exige guère d'art ; seulement, il faut avoir soin de bien piocher toute la superficie des bords qui doivent être rechargés avec les déblais, pour assurer leur liaison avec le sol naturel, et ensuite de bien faire marcher ou pilonner les remblais par couches successives, en les arrosant, si le terrain n'est pas assez humide, pour qu'elles puissent se bien lier par la pression. La seconde précaution à prendre est de ne pas creuser verticalement les bords du bassin, mais de leur donner intérieurement une pente suffisante, qui dépend de la nature du terrain ; elle doit être telle que l'on soit assuré qu'ils ne s'ébouleront pas sous la charge des remblais, quand ils seront baignés et amollis par les eaux. Il convient de laisser, entre le pied des remblais et la crête des talus du déblai, une banquette de 30 centimètres au moins et de 50 centimètres au plus, et de gazonner les parties des talus intérieurs des remblais et de les bien piqueter. Il ne faut planter sur ce remblai aucun arbre, mais seulement des haies, si on veut les enceindre pour empêcher les gens et le bétail de s'y rendre. La figure 34 représente la coupe d'un de ces bassins.

Quand le terrain du fond et des côtés du bassin est gras et consistant, il suffit de le bien pilonner, après l'avoir mouillé. Lorsqu'il est perméable, il faut y remédier. Le meilleur moyen n'est pas, comme on l'a cru longtemps, d'y faire des conrois en argile ou en glaise. Ils sont assez difficiles à établir et assez chers ; puis, ils ont l'inconvénient de se gercer et de se fendre quand ils sont exposés à l'air, et quand le terrain contre lequel ils s'appuient est sec. Dès qu'il s'est introduit de la vase ou de la poussière dans ces fentes, on a beau les boucher, en refoulant les conrois, ils perdent toujours l'eau, et on ne peut remédier à ces pertes qu'en remaniant le conroi entièrement.

On remplit le même but beaucoup mieux, et à moins de frais, en employant du sable gras, qui est imperméable et qui ne se fend jamais à l'air. On trouve souvent de ces mélanges naturels de sables mêlés intimement de glaise ou d'argile, ou bien certaines terres grasses, franches et un peu sableuses, qui suffisent pour cet usage, en ayant bien soin d'en exclure tout corps étranger, tels que les pierres, les herbes, les pailles, etc., et de les bien pilonner.

Quand on ne trouve pas de ces sables gras naturels, on peut les faire en mélangeant cinq à six parties de sable fin avec une partie d'argile ou de glaise délayée à l'état de bouillie claire ; il est bon de mêler avec l'argile un dixième de son volume de chaux grasse ; on étend ce conroi sableux sur le fond et sur les côtés en talus, et on le tasse avec des battes plates en bois dont les bords sont arrondis. Il est souvent utile de commencer par étendre sur la terre qui doit recevoir le conroi un lit de chaux vive, grasse ou maigre, à l'état de pâte ferme, de 4 ou 5 centimètres d'épaisseur, parce que, outre qu'elle contribue à l'imperméabilité du sol dont elle bouche bien tous les interstices, elle a la propriété d'empêcher le percement du conroi par les vers de terre, qu'elle arrête. Il faut couvrir cette couche de chaux vive à mesure qu'on la place, pour qu'elle conserve sa causticité.

Quand on est obligé de faire un revêtement au pourtour du bassin, il faut donner plus de pente à ses côtés, et, au lieu de faire ses talus en plans unis, on les coupe en petits redans, c'est-à-dire en forme d'escalier (fig. 34), et on y plante beaucoup de petits piquets à tête un peu saillante, pour donner de l'adhérence au revêtement.

Si, malgré ces précautions, le bassin perdait l'eau, il faudrait, après l'avoir rempli, délayer de l'argile ou de la glaise à l'état de bouillie claire, y mêler de la chaux grasse et du crotin de cheval, ou de la bouse de vache, ou bien encore du marc de cidre ; on mélange et on délaie bien ces matières, puis on les verse dans le bassin, et on agite l'eau quelque temps uniformément ; puis on laisse reposer. L'eau, entraînant avec elle ces substances dans les fissures où elle s'infiltre, les bouche bientôt, et le bassin devient imperméable.

Pour pouvoir soutirer à volonté l'eau du bassin, on place, un peu au-dessus de son fond, une buse formée de quatre planches, et qui porte à son extrémité inférieure une petite vanne bien joïntive.

Formation des grands réservoirs et des étangs. — Lorsqu'on n'a pas la facilité d'établir sur ses propriétés, des bassins réguliers d'une certaine profondeur, et surtout quand on a besoin d'emmagasiner un volume d'eau considérable pour arroser de grandes étendues de prairies, ou bien quand le courant dont on peut disposer n'a pas un volume assez considérable pour l'employer directement, il faut établir dans son lit une retenue au moyen de laquelle on puisse former un réservoir ou un petit étang, en profitant d'un étranglement de la gorge ou du petit vallon dans lequel coule le ruisseau ; quand on ne peut pas établir le réservoir dans le lit du cours d'eau, on choisit dans les environs un pli de terrain convenable, placé de manière que l'on puisse y conduire les eaux par un canal de dérivation.

Le choix de l'emplacement du réservoir ou de l'étang étant fait, il s'agit d'établir le barrage de retenue qui est l'ouvrage le plus important et le plus difficile dans les travaux d'irrigation.

Établissement des barrages. — Pour donner au barrage une bonne résistance, on doit toujours le faire en courbe, dont la convexité regarde la retenue ou l'étang : cette courbe doit avoir une flèche égale au moins au dixième de la corde de l'axe de la courbure, pour de bonnes terres compactes, et le huitième de la corde, quand la terre dont le barrage doit être composé est sableuse ou graveleuse. La courbe étant tracée, on commence par enlever avec soin la terre végétale sur toute la largeur de l'emplacement que doit occuper le barrage, et on dresse le terrain en lui donnant une pente de 7 à 8 centimètres par mètre du côté de l'étang.

Pour connaître exactement la largeur que doit avoir la base du barrage au niveau du sol, on établit suivant la courbe, et à l'aide de grands piquets, un cordeau horizontal à la hauteur à laquelle on veut élever le couronnement du barrage, et dans la direction et situation que doit occuper l'arête intérieure de son couronnement. On marque sur le cordeau des points distants entre eux de 4 à 5 mètres : à chacun de ces points, on prend, avec un fil à plomb, la hauteur du cordeau au-dessus du terrain. Le couronnement de la digue doit avoir, vis-à-vis chacun de ces points, une largeur égale au quart de son élévation au-dessus du sol, quand cette hauteur n'a pas plus de 5 mètres ; au tiers, quand elle excède 5 mètres, et la moitié de la hauteur quand elle a 7 mètres.

Si l'on veut faire le barrage simplement en terre (comme nous le conseillons, parce qu'il coûtera moins pour l'exécution et pour l'entretien, et résistera aussi bien qu'un ouvrage plus dispendieux, en l'exécutant convenablement), pour avoir la largeur de la base vis-à-vis chacune des divisions du cordeau, on ajoute à la largeur du couronnement (déterminée comme il vient d'être dit) la largeur de la base de talus intérieur qui doit être égale à la hauteur du point au-dessus du sol et la largeur de base du talus extérieur qui doit être d'une fois et demie cette hauteur ; ce qui fait en somme deux fois et demie la hauteur du point du cordeau, plus la largeur correspondante du couronnement, et ainsi de suite pour chacun des autres points.

Prenant pour exemple un point où le cordeau serait à 5 mètres d'élévation au-dessus du sol nivelé, on portera 5 mètres en amont du cordeau pour la base du talus intérieur, et en aval de ce même point 1 mètre 25 pour la largeur du couronnement, puis 7 mètres 50 pour la base du talus extérieur, ce qui fait en tout 13 mètres 75 pour la largeur totale de la base au niveau du sol pour une hauteur de 5 mètres au-dessus de lui.

Les largeurs indiquées ci-dessus étant celles que doit avoir la base de la digue au niveau du sol sur laquelle on l'asseoit, s'il est en pente à l'aval, le talus doit s'élargir de ce côté proportionnellement à cette pente.

On fixe par de petits piquets les pieds des deux talus de la digue en dedans et en dehors.

On trace ensuite les enracinements des deux

extrémités de la digue dans les berges des terrains à droite et à gauche : ces enracinements sont une précaution indispensable pour empêcher que l'eau ne s'introduise entre les extrémités de la digue et le terrain naturel.

Les enracinements doivent s'enfoncer directement dans les berges, comme on les voit indiqués dans la figure 35, qui représente en plan un de ces barrages exécutés; et la figure 36 qui représente son emplacement avec les tranchées et la ligne centrale des palplanches; les enracinements y sont indiquées par les lettres O O.

Après avoir enlevé la terre végétale sur tout l'emplacement de la base de la digue et de ses enracinements, on creuse le sol sous le milieu du barrage comme on le voit indiqué par les lettres P P figures 37 et 38; cette fouille se fait par redans ou escaliers pour diminuer sa largeur jusqu'à ce que l'on arrive à l'aplomb des deux arêtes du couronnement, et on creuse cet intervalle Q' jusqu'à ce que l'on rencontre le sol imperméable, ou au moins suffisamment compacte, comme on le voit indiqué dans la figure 38, qui représente une coupe du barrage dans son milieu. On creuse ensuite les tranchées des deux enracinements en coupant perpendiculairement les deux faces de droite et de gauche. La coupure du fond se fait par redans, qui sont plus ou moins rapprochés suivant la nature du terrain, et on creuse jusqu'à la rencontre du sol ferme et compacte. La figure 39 représente la coupe d'une de ces tranchées d'enracinements suivant l'axe de sa longueur. Les fonds de ces tranchées doivent toujours être légèrement inclinés, savoir, ceux du corps de la digue du côté de l'étang, et ceux des tranchées des enracinements latéraux vers l'amont du terrain.

Cela fait, on bat sur une ligne courbe continue qui suit l'axe de milieu de la digue et correspond à l'axe du couronnement, de petites palplanches jointives R, R (fig. 37 et 39) de 6 à 8 centimètres d'épaisseur, affûtées par le bas et carbonisées légèrement, mais non sabotées, à moins que le terrain ne soit pierreux ou très-dur; on les enfonce d'environ un mètre et on les laisse saillir irrégulièrement d'un à deux mètres au-dessus du fond de la tranchée; on continue ces lignes de petites palplanches dans les deux tranchées d'enracinement jusqu'aux deux tiers de leur longueur, puis on relie ces palplanches par des pièces de bois horizontales S′ S′, formant ventrières, appliquées de chaque côté des palplanches; on les y fixe par des boulons qui les traversent toutes deux et les font joindre. Ces ventrières doivent être plates par-dessous, les faces de devant et de dessus peuvent être rondes et irrégulières. Voir la fig. 36, qui représente la digue en plan, la figure 38 qui en montre la coupe, et figure 39 où l'on voit les palplanches en élévation, et dans lesquelles ces palplanches sont indiquées par la lettre R, et les ventrières par la lettre S.

Ces palplanches ont pour but d'arrêter la filtration des eaux qui pourraient s'insinuer entre les faces de jonction du déblai et du remblai que les eaux tendent à suivre : la face rectangulaire de la ventrière d'amont doit arrêter les eaux qui, après avoir pénétré jusqu'aux palplanches, et y étant arrêtées, tendraient à remonter le long de leur face d'amont par l'effet de la pression du niveau supérieur des eaux de l'étang.

Cette opération principale et de garantie étant terminée, on arrose le fond des tranchées avec de l'eau de chaux, on le pilonne fortement, puis on les remblaie par couches de 40 cent. de hauteur ; on pilonne successivement chaque couche avec soin, après l'avoir arrosée et recouverte d'un peu de pierrailles ou de graviers dont la pénétration rend la terre plus résistante. Pour le remblai du milieu du corps de la digue, on emploie de la terre grasse et compacte, comme de l'argile sableuse, des sables gras ou de la terre franche, principalement des deux côtés des palplanches où le remblai doit former noyau imperméable.

Si l'on n'avait pas de terres propres à ce travail, on formerait un petit mur de 30 à 40 centimètres d'épaisseur en bon béton à chaux hydraulique, de chaque côté des palplanches, et on le continuerait ensuite au-dessus d'elles, jusqu'au couronnement, en l'élevant successivement à mesure de l'élévation du remblai du corps de la digue et des deux talus extérieur et intérieur. Les remblais peuvent se faire en terre ordinaire, mais l'on doit toujours les établir par couches successives horizontales de peu d'épaisseur arrosées et pilonnées.

Ces travaux exécutés on recouvre la surface du talus extérieur avec de la terre végétale réservée en dépôt, et on la gazonne ou on la sème. Quant au talus intérieur, le mieux, pour empêcher le mouvement des eaux de le dégrader, est de le revêtir d'un perré, en ayant soin d'en garnir tous les joints de terre grasse ou d'argile sableuse comme on emploie le mortier; quand on ne veut pas faire cette dépense, il faut le recouvrir de gazons pris dans des marais ou des lieux aquatiques et les piqueter.

Pour avoir, avec le moins de transports possibles, les terres nécessaires pour le remblai du barrage, le mieux est de les prendre sur le pourtour du réservoir ou de l'étang à former, au-dessous du niveau de la retenue; et cela non-seulement pour économiser les transports, mais encore parce que par là on augmente la capacité du réservoir sans augmenter sa surface, et que plus on augmente la profondeur d'un étang sur ses bords, plus on diminue les effets de l'évaporation, ainsi que la végétation des herbes ou roseaux et les inconvénients de la découverte des rives submergées quand les eaux s'abaissent.

La buse pour la sortie des eaux, indiquée par la lettre T dans les figures 35, 37, 38, 39 et 40, doit se placer avec une faible pente, un peu au-dessus du niveau du fond du réservoir, traverser la digue, et saillir en amont dans l'étang de 50 à 60 centimètres. Elle peut être formée de quatre fortes planches de chêne, en donnant une forte épaisseur à celle qui forme le couvercle, et on a soin de la fortifier en clouant solidement un grand nombre de traverses sur toutes ses faces. Pour en assurer la durée il faut passer tous les bois à l'huile chaude avant leur assemblage et ensuite les peindre avec une peinture épaisse ou les bitumer également sur toutes faces avant l'assemblage. Pour empêcher les eaux de filtrer le long des parois, il faut y mettre de fortes frettes en bois carrées U, fig. 38, 39 et 40, aussi peintes

ou bitumées, qui l'enveloppent et y soient forte—
ment clouées; en outre, contre ces frettes, on
cloue des planches saillantes V qui entrent dans
le remblai, afin d'arrêter les filtrations. On voit
ces dispositions dans la figure 40 qui représente
une partie de la buse vue en coupe sur son axe,
et dans la figure 41 qui en montre une coupe en
travers et une perspective. Il faut qu'il y ait une
de ces frettes appliquée exactement contre la face
d'amont des planches (fig. 38).

Pour fermer et ouvrir à volonté la buse, on
place à sa tête qui forme saillie au pied du talus
d'amont, une petite vanne oblique X, fig. 38, 39,
40 et 41, laquelle glisse entre les deux planches
latérales, et y est maintenue par des tasseaux
cloués en dedans de ces planches, on lève ou l'on
abaisse cette vanne au moyen d'une tige en bois
dur Y qui s'élève jusqu'au-dessus du couronne—
ment de la digue : elle est maintenue dans sa lon—
gueur par des barres de bois entre lesquelles elle
passe et qui sont fixées dans le talus de la digue.

La petite vanne et ses coulisses doivent être
baignées, avant leur pose, dans du suif très-chaud.
Pour conserver la buse, et pour mieux garantir
contre les filtrations d'eau qui pourraient passer
par sa vanne de tête ou d'amont, on met une se—
conde vanne Z, fig. 38, à sa queue, et on remplit

la buse, cette seconde vanne étant abaissée, avant de fermer la première de tête.

Pour empêcher que les herbes et autres objets puissent s'introduire et arrêter le mouvement de la vanne de tête X, on met au-dessus et autour d'elle une cage en bois ou mieux en fer à barreaux droits ou verticaux (fig. 39 et 40); sa hauteur au-dessus de la buse doit être égale à la plus grande élévation de la vanne, et elle ne doit laisser de passage qu'à la tige. On nettoie cette grille ou cage, des herbes qui s'y attachent, au moyen d'une griffe à dents coudées, figure 42.

Pour éviter que les eaux, quand le réservoir est plein, passent par-dessus le barrage et le dégradent, il faut établir, sur l'un de ses côtés, un déversoir, figure 36, formé d'une forte pièce de chêne dont le dessus soit de 25 à 30 centimètres, en contre-bas du couronnement du barrage et placer sur le talus extérieur, en avant de ce déversoir, un large canal ouvert en planches, muni sur les côtés de bons madriers reliés par des traverses pour que la vitesse de l'eau ne dégrade pas le talus. Au pied de ce canal on met une forte pièce de bois fixée par des pieux, et on place à la suite quelques grosses pierres pour rompre la force de l'eau et l'empêcher de creuser.

Un barrage ainsi établi peut s'exécuter facilement, partout, et à peu de frais; il sera perpétuel, très-stable, n'exigera que très-peu d'entretien et sera plus sûrement imperméable que les barrages en maçonnerie qui coûteraient beaucoup plus cher, parce que ces massifs en terre bien battue se compriment sur eux-mêmes et se consolident en se tassant par l'action du temps, tandis que les tassements si difficiles à éviter dans ces sortes d'ouvrages, surtout quand ils sont élevés, font fendre et gercer les maçonneries et qu'il est très-difficile de remédier aux filtrations qui se font dans ces fissures, parce qu'à raison de leur régularité, les eaux qui s'y infiltrent y prennent une vitesse qui entraîne facilement les matières avec lesquelles on peut essayer de les boucher, et qui ne peuvent jamais bien adhérer avec les faces des pierres disjointes, en sorte qu'on ne peut guère remédier à ces inconvénient qu'en démolissant et reconstruisant, après les tassements terminés, les parties de murs qui sont lézardées.

Creusement des étangs au pourtour et surtout à la queue. — Nous avons conseillé précédemment de prendre les terres nécessaires pour former les barrages au pourtour de l'étang, en le creusant en contre-bas du niveau de la retenue, lorsque ces terres sont propres à cet usage, afin d'éviter ou de diminuer les longs transports ; mais, quand bien même on aurait des terres meilleures plus à proximité des barrages, et encore dans le cas où les terres des bords de l'étang ne seraient pas propres à former le remblai du barrage, faute d'être assez compactes, il faudrait toujours faire un fort creusement tout autour de l'étang, et surtout à sa partie postérieure, que l'on nomme la queue, qui est ordinairement en pente douce, et cela pour éviter les alternatives de submersion et d'assèchement de cette queue et des rives en pente douce, alternatives qui ont lieu sur d'assez grandes étendues de terrain, à tous les étangs ordinaires, et qui sont la cause de l'insalubrité qu'ils causent par la décomposition des plantes aquatiques et des insectes qui les habitent, et par la fermentation des vases, quand l'eau les découvre. En creusant assez profondément les bords et surtout la queue des étangs, et en employant ces déblais à former une espèce de digue ou de levée au pourtour de l'étang, les eaux, étant circonscrites par ces berges élevées, ne s'étendent pas quand elles s'élèvent, et ne découvrent pas le fond quand elles s'abaissent; en outre, en suivant ce procédé, on augmente la capacité du réservoir, tout en restreignant l'étendue occupée par les eaux, et on diminue l'évaporation, parce que l'eau, ayant de la profondeur sur les bords, s'y échauffe moins que quand elle s'étend en nappe mince sur des terrains couverts d'herbes qui favorisent encore l'évaporation, ainsi que la décomposition de l'eau et la formation des gaz délétères.

Moyen de régulariser les petits cours d'eau et de prévenir les débordements des ruisseaux et des rivières. — Lorsque, dans les gorges ou les petits vallons, où l'on veut établir des réservoirs ou des étangs, il existe un courant d'eau habituel, abondant après les pluies, et faible ou nul dans les temps de sécheresse, si, au moyen des barrages que l'on établirait pour retenir et conserver les eaux, on faisait cesser, pendant un temps plus ou moins long, tout écoulement à l'aval de ces retenues, les riverains inférieurs pourraient se plaindre avec raison de la privation du courant naturel qui existait antérieurement. Il y a un moyen simple et efficace d'éviter cet inconvénient, et c'est encore M. Hauducœur, déjà cité pour ses excellentes idées sur l'aménagement des eaux, qui a proposé ce moyen; il consiste à établir dans tout barrage de grand réservoir ou d'étang, à une certaine élévation, par exemple au tiers de la hauteur de la retenue, à partir de sa base, un pertuis permanent et constamment ouvert, par lequel les eaux s'écoulent régulièrement et modérément jusqu'à ce que sa surface descende au niveau du bas de cette ouverture (1).

Ce moyen régulateur bien simple satisfait à toutes les conditions d'un bon aménagement des eaux.

En effet, quand un ruisseau est dans son état naturel, sans retenue, lors des pluies abondantes, ses eaux, accumulées subitement, coulant à pleins bords avec une grande vitesse, corrodent souvent ses rives, et inondent les terrains inférieurs qui bordent son cours. L'on ne peut utiliser au passage qu'une très-faible partie de son volume, d'abord parce qu'il est trop considérable et trop impétueux, et ensuite parce que, quand il a plu abondamment, on n'a pas besoin d'arroser; puis, quand viennent les sécheresses, le cours de ce même ruisseau se trouve tellement réduit qu'il ne peut être que d'un secours très-faible, et quelquefois tout à fait nul.

Au moyen d'une retenue, les eaux très-abondantes, que l'on aurait été obligé de laisser passer en pure perte, seraient emmagasinées et conser-

---

(1) M. Hauducœur a présenté cette proposition à la société d'agriculture et des arts de Seine-et-Oise, dont il est membre, dans la séance du 6 mai 1842 ; et sur un rapport d'une commission spéciale, cette société l'a approuvée dans la séance du 15 août suivant, et a décidé qu'elle serait communiquée au gouvernement, en l'invitant à faire les règlements nécessaires pour l'appliquer à tous les étangs.

vées, pour en faire usage dans les intervalles des pluies. Au moyen d'une ouverture permanente établie dans le barrage, comme le propose M. Hauducœur, l'écoulement serait durable et régulier, et les riverains pourraient en profiter beaucoup mieux et plus longtemps qu'ils n'auraient pu le faire sans la retenue : donc, loin de souffrir et de pouvoir s'en plaindre, ils en tireraient des avantages précieux et devraient s'en féliciter.

Cette disposition ingénieuse remplit encore un second but d'utilité que voici. Souvent un étang, qui n'a de dégorgement que par un déversoir supérieur (comme cela a lieu dans presque tous), se trouvant plein jusqu'au déversoir, lorsque surviennent de fortes pluies, les eaux nouvelles qui arrivent, ne pouvant y trouver place, s'écoulent avec violence, soit par-dessus le déversoir, soit par la vanne de la bonde, que l'on ouvre ordinairement dans ces sortes de cas; alors, non-seulement elles passent en pure perte, mais encore elles produisent des effets nuisibles.

Quand, au contraire, il y a une ouverture permanente, l'eau de l'étang s'abaissant progressivement dans l'intervalle des pluies, il s'y trouve de la place pour recevoir les eaux nouvelles, et leur écoulement se fait ensuite régulièrement et doucement. Il suit encore de là que, par ce moyen, l'eau de l'étang se renouvelle beaucoup mieux , et est, par conséquent, plus salubre.

Les dimensions à donner à ces ouvertures et la fixation de leurs hauteurs dans les barrages dépendent des droits et des besoins existants sur chaque cours d'eau , de la capacité de l'étang et de la relation entre sa contenance et le volume moyen des eaux pluviales et de sources que reçoit, au-dessus de lui , le vallon dans lequel il est placé. Il en résulte que l'on ne peut pas proposer de règle générale, et qu'il faut en établir une spéciale pour chaque localité, d'après l'appréciation des effets que l'on doit attendre des diverses causes très-variables qui peuvent modifier les résultats de chaque retenue.

En général, le mieux est de se réserver la faculté de modifier le débouché de l'ouverture d'écoulement habituel; c'est pourquoi nous proposerions d'établir à l'ouverture permanente une petite vanne mobile, ou bien un clapet à registre, pour pouvoir faire varier l'ouverture, jusqu'à ce qu'on ait reconnu celle qui sera la plus convenable pour chaque circonstance. En outre , par ce moyen, en cas de pluies extraordinaires , on augmenterait à volonté le débouché habituel.

On pourrait également remplir ce but en plaçant dans le barrage trois ou quatre tuyaux en fonte à clapets, dont un serait constamment fluant, et dont les autres fermés ne seraient ouverts que par le gardien, dans des conditions déterminées par un règlement.

Ce mode d'aménagement des eaux, outre le but d'utilité locale qu'il remplirait partout où il y a des retenues d'eau, pourrait encore, en multipliant et en généralisant les retenues régulatrices, satisfaire complétement à un but d'utilité publique fort important. En employant à la fois ce moyen de régularisation et celui de la retenue des eaux pluviales par des rigoles horizontales d'infiltration établies sur les pentes, on parviendrait à prévenir efficacement, ou au moins à diminuer de beaucoup, les débordements des rivières qui causent tant de dommages et de désastres, et qui sont souvent plus puissants que tous les moyens dispendieux que l'art emploie pour leur résister; sans compter les conséquences si graves des changements que les grandes crues produisent dans le régime des fleuves et des rivières, et les grandes corrosions qu'elles opèrent sur leurs rives. En effet, leurs débordements ne proviennent que des abondances d'eau que leur apportent presque subitement les eaux pluviales qui descendent des pentes rapides, et tous les petits courants qui les alimentent, et de ce qu'au lieu d'aménager convenablement ces eaux pour en mieux profiter, comme la prudence et l'intérêt général le conseillent, on leur laisse maladroitement suivre toutes les irrégularités de l'état naturel. Si donc, appliquant à la conservation et à la régularisation des petits cours d'eau les précautions dont on use pour conserver et rendre durable et régulière la jouissance de diverses productions utiles à l'existence ou à l'industrie, on établissait sur chacun des bassins partiels qui affluent au lit d'une grande rivière des rigoles de retenue sur les pentes, et sur chaque ruisseau des réservoirs capables de contenir la surabondance d'eau que les versants reçoivent par les grandes pluies ou les fontes de neige, et si les barrages de retenue de ces réservoirs étaient tous munis d'ouvertures permanentes, il est bien certain que la majeure partie des eaux de pluie y étant arrêtée, et ne pouvant plus en sortir que lentement et progressivement, la rivière n'éprouverait plus que des crues modérées et sans danger ; alors, au lieu de couler à pleins bords et par-dessus ses bords, pendant quelques jours après les pluies, et de descendre ensuite assez bas pour que la navigation y devienne difficile et même impossible, elle n'éprouverait, lors des pluies même les plus abondantes, qu'une augmentation de volume modérée, résultant seulement des eaux qui lui arrivent directement des pentes qui la bordent et des trop-pleins des réservoirs, ce qui ne serait jamais assez considérable pour lui faire surmonter ses rives.

Après les pluies et lorsqu'elle s'abaisserait, elle recevrait les contingents constants, réguliers et durables, fournis par les ouvertures permanentes de chacun de ses affluents, et par là elle conserverait longtemps la hauteur moyenne la plus favorable pour la navigation, pour les irrigations et pour les usines.

Ainsi ce moyen si simple, étant appliqué et généralisé, garantirait les riverains des petits cours d'eau, et ceux de toutes les rivières, des dommages si multipliés que leur causent les débordements, ou du moins il en diminuerait beaucoup l'étendue; il leur assurerait une jouissance facile, régulière et bien plus durable qu'elle ne l'est maintenant, des avantages que l'on peut obtenir de l'état moyen de tous les cours d'eaux, et il les préserverait, autant que possible, des inconvénients de la sécheresse et des basses eaux; il assurerait à toutes les usines le bienfait de courants plus constants; il favoriserait éminemment le commerce par la plus grande régularité de la navigation; il garantirait les particuliers des pertes énormes que causent les inondations, et il éviterait au gouvernement les réductions d'impôt par les non-valeurs et les pertes de récoltes qui en résultent, et les grandes dépenses qu'il est sans cesse obligé de faire pour réparer et reconstruire des digues, des routes et des ponts entamés ou emportés par les débordements.

Enfin, la réalisation sur tous les petits cours d'eau, de retenues avec des ouvertures permanentes serait le meilleur et le plus puissant moyen de faciliter les irrigations et d'en généraliser l'emploi.

L'application générale de cette heureuse idée doit donc véritablement être mise au rang des objets d'intérêt général qui méritent le plus l'attention du public et du gouvernement.

Au premier aspect, on pourrait croire que la réalisation si utile de ce projet serait difficile, à cause des dépenses à faire pour exécuter les retenues qu'il exige ; mais on a pu voir, à l'article *Barrage* de ce traité, que l'on peut les faire facilement et solidement, bien qu'à peu de frais, en les exécutant en terre, avec un conroi de sable gras et un simple rang de palplanches jointives au centre. D'ailleurs, les bénéfices que produiraient les chutes résultant de ces retenues, et surtout la facilité qu'elles donneraient pour les irrigations, auraient bientôt plus que compensé les frais de leur établissement.

Pour assurer la réalisation des réservoirs préservateurs et régularisateurs sur tous les petits cours d'eau, il faudrait qu'une loi les déclarât d'utilité publique, afin que tout particulier ou toute association qui voudrait en établir, pût les exécuter, sous la simple condition de l'approbation par l'administration des règlements nécessaires pour garantir la bonne exécution des ouvrages et pour prévenir les abus. Alors, les expropriations des terrains nécessaires aux emplacements des réservoirs seraient un droit pour les exécutants, à charge par eux de se conformer aux lois qui régissent les ouvrages d'utilité publique.

Et il ne resterait plus à faire que les règlements locaux nécessaires pour la répartition de l'usage des eaux entre les ayants droit.

Mais, pour favoriser, encourager et accélérer l'exécution des réservoirs régulateurs et la rendre aussi générale que possible, il faudrait encore que, en considération de l'intérêt public attaché à leur réalisation et des avantages immenses qui doivent en résulter pour les particuliers, pour les départements et pour l'État, des primes convenables fussent assurées pour tout réservoir régulateur qui serait établi dans de bonnes conditions, et que le montant de ces primes fût acquitté moitié par le gouvernement et moitié par le département, ce

qui serait de toute justice, puisqu'ils en recueille-
raient eux-mêmes de grands avantages.

Pour le succès de ce projet et pour la généralisation des irrigations qui s'y lient essentiellement,
il faut d'abord l'appui prononcé et des encouragements efficaces du gouvernement, des administrations départementales, et ensuite l'emploi du levier
puissant de l'association.

Cet emploi est ici bien naturel; car il y a évidemment intérêt général, commun et direct pour
la grande majorité des propriétaires et des cultivateurs dont les terreins sont situés dans un même
bassin, et de tous ceux qui emploient des usines
mues par des cours d'eau, et intérêt indirect, mais
néanmoins certain, pour toutes les classes de la
société.

On commence à sentir les avantages de l'association, mais, pour qu'elle se développe et surtout
pour qu'elle s'applique à des objets d'utilité publique, il faut l'appui du gouvernement, et que
l'impulsion vienne de lui. On en voit la preuve dans
les chemins vicinaux, laissés si longtemps dans un
état déplorable, malgré l'intérêt évident des communes et de tous les propriétaires et fermiers, et
dont l'amélioration a fait de si grands pas depuis
quelques années, aussitôt après qu'une loi et des

règlements administratifs ont déterminé la marche à suivre et ont garanti l'appui de l'autorité aux efforts faits par les communes.

Ici, comme pour tous les progrès de la civilisation, après le gouvernement, c'est aux propriétaires riches et éclairés à donner l'exemple, et ils le doivent d'autant plus qu'en même temps qu'ils se feront honneur, ils en recueilleront les premiers et les plus grands bénéfices.

Pour terminer le chapitre de l'emploi utile des eaux pour l'agriculture, il ne nous reste plus à parler que de leur emploi comme moteur, en restreignant toutefois cet emploi à la branche spéciale de l'agriculture à laquelle est consacré ce traité, c'est-à-dire aux besoins des irrigations et aux moyens d'une exécution simple, et qui peuvent être réalisés à peu de frais, sans le secours de l'ingénieur.

Xme SECTION.

Des moyens à employer pour élever les eaux au-dessus de leur niveau naturel.

Lorsque le terrain que l'on veut arroser est trop élevé pour que l'on puisse y amener, par une simple dérivation, les eaux d'un courant qui en est voisin, et quand on ne peut pas établir un canal, partant d'un point assez éloigné de ce courant, pour obtenir la pente nécessaire, il n'y a d'autre moyen que d'établir un barrage en travers de son lit pour faire remonter les eaux et pour les dériver au moyen de la surélévation produite par le barrage, soit pour les appliquer directement aux irrigations, soit pour les employer par leur chute comme force motrice, dans le but de faire mouvoir des mécanismes disposés pour porter l'eau à la hauteur requise. (L'autorisation administrative est toujours nécessaire pour établir ces barrages.)

Barrages sur les grandes rivières. — S'il s'agit d'une grande rivière, les ouvrages à exécuter sont difficiles et dispendieux, et alors ils exigent le concours des hommes de l'art. Nous ne pouvons donner, dans ce simple traité à l'usage des propriétaires et des cultivateurs, les explications des travaux à exécuter dans ce cas, parce qu'ils seraient trop étendus et que d'ailleurs ils sortiraient de notre sujet. Nous nous bornerons à dire ici que, pour ces sortes de barrages, nous croyons que les meilleurs sont les barrages flottants, composés de petits bateaux amarrés au fond du lit avec des câbles-chaînes, et que l'on fait enfoncer à volonté en y introduisant de l'eau. Ces barrages sont les moins dispendieux ; ils sont faciles à établir ; leur manœuvre n'exige aucun soin, attendu qu'ils s'élèvent par les crues et descendent quand les eaux baissent, en maintenant toujours une chute égale, par les seuls effets naturels des lois hydrauliques. La nappe d'eau du courant habituel, passant sous ces barrages flottants et débouchant dans la tranche d'eau d'aval, ne produit ni cataractes ni affouillements, comme les chutes des barrages fixes ordinaires ; enfin, comme il est facile de retirer ces bateaux de leur emplacement, avant les débâcles et les grandes crues, ils ne peuvent en éprouver aucun dommage ; en outre, le courant redevenant alors entièrement libre, on n'a pas à craindre que ces barrages fassent augmenter les débordements ni qu'il en résulte aucune altération dans le régime habituel du courant. Nous avions pris, en 1826, un brevet pour ce système de barrages ; mais malheureusement, malgré leurs avantages incontestables, nous n'avons pu trouver une occasion favorable pour les exécuter.

Passant maintenant aux petites rivières non-navigables et aux ruisseaux sur lesquels les barrages ont peu d'importance et sont plus faciles à établir, nous ferons observer que la surélévation qu'on peut obtenir dépend de la pente du courant et de son degré d'encaissement. Quand ces données sont telles que cette surélévation soit suffisante pour amener les eaux par une simple dérivation sur le terrain à arroser, il ne s'agit que d'établir un barrage sur ces cours d'eau. On pourrait aussi y faire un petit barrage flottant, mais il faudrait encore le concours d'un homme de l'art.

Barrages simples pour les petites rivières et les ruisseaux. — Le système de barrage le plus simple et le plus facile à exécuter, pour le cas dont il s'agit, est celui d'une vantillerie, c'est-à-dire une suite de vannes supportées par des châssis en forte charpente. Il faut que ces châssis soient bien engagés et bien enracinés de chaque côté dans les berges, et qu'ils soient contre-butés solidement, du côté d'aval, par des pieux inclinés à l'amont, et dont les têtes sont assemblées dans les poteaux droits qui supportent les coulisses des vannes; il faut, de plus, établir à l'aval du seuil des vannes un radier solide, en charpente ou en pierres de forte dimension, pour prévenir les affouillements que produirait la rapidité du courant passant sous les vannes, quand on les lève, soit d'une partie de leur hauteur, soit totalement, lors des crues.

La meilleure garantie, à notre avis, contre ces affouillements consiste dans deux rangs de palplanches parallèles entre eux, dont le premier doit être battu immédiatement à l'aval du seuil de la vantillerie, et le second à deux ou trois mètres plus bas.

Les deux rangs des palplanches doivent être moisés en tête par de doubles ventrières qui affleurent le lit; on relie les ventrières des deux rangs de palplanches entre elles, par des traverses fixées de deux en deux mètres, pour les rendre solidaires, puis on forme un lit de grosses pierres dans les cases que forment les intervalles des deux rangs de palplanches et des traverses, et on établit un enrochement sur deux ou trois mètres de longueur à l'aval.

Lorsque le lit a plus de dix mètres de largeur, au lieu de faire la vantillerie sur une ligne droite perpendiculaire au courant, il vaut mieux l'établir en chevron, dont l'angle est tourné à l'amont, parce que le châssis en charpente, ainsi disposé, a beaucoup plus de force pour résister à la charge de retenue, et qu'on n'est pas obligé d'employer du bois aussi fort; alors les vannes sont disposées sur deux rangs obliques au courant.

Ces divers barrages doivent toujours être enracinés profondément et solidement par leurs extrémités dans chacune des deux rives : tous leurs assemblages doivent être fortifiés par de fortes équerres en fer.

Quand il y a une crue, on lève les vannes de la

quantité nécessaire pour que les eaux ne débordent pas.

On les lève entièrement en hiver, et quand on n'a pas besoin d'arroser.

Lorsque le simple exhaussement des eaux entre leurs rives, au moyen d'un barrage, n'est pas suffisant pour obtenir une dérivation jusqu'au sommet du terrain à arroser, il faut employer des moyens mécaniques mis en mouvement par la chute qui résulte de la retenue. Il y en a de plusieurs sortes; nous ne parlerons ici que des plus simples.

Mécanismes propres à l'élévation des eaux. — Lorsqu'on peut profiter d'une roue hydraulique comme une roue de moulin ou d'usine à proximité, et qu'on n'a pas besoin d'un grand volume d'eau, on peut se borner à attacher aux aubes de cette roue, des godets fixes ou mobiles, disposés de manière qu'ils se remplissant quand ils sont en bas et qu'ils versent latéralement l'eau qu'ils contiennent dans une auge pendant leur passage au haut de la roue. L'usage de ces godets étant très-connu, nous n'avons pas besoin d'en donner la description.

Quand on n'a pas cette ressource, ou quand elle est insuffisante, il faut profiter d'une chute existante ou en établir une pour y placer une roue motrice ou une turbine destinées à faire mouvoir un mécanisme spécial. Quand on ne peut pas établir une chute, le mieux est d'employer comme moteur un petit moulin à vent sur le bord du courant ou du réservoir.

Quand on n'a pas besoin d'élever l'eau à plus de 1 mètre 20 ou 1 mètre 50, la vis d'Archimède est le mécanisme le plus favorable. Quand on la fait de grand diamètre, pour diminuer le poids de l'équipage à mettre en mouvement, on établit seulement un demi-cylindre, qui doit être fixe, et alors la spirale en hélice se meut seule dans ce demi-cylindre.

Quand on a besoin d'une plus grande élévation, il vaut mieux employer le chapelet à godets ou une noria ; on en fait de très-simples et très-économiques, formées de caissettes en bois attachées à des traverses également en bois, dont les deux bouts sont engagés dans deux cordes sans fin et parallèles qui sont mues par le tambour qui donne le mouvement et qui reçoit l'eau versée par les caissettes à leur passage au-dessus de lui.

Lorsque le terrain à arroser est voisin d'une rivière qui a une pente assez prononcée, il suffit souvent d'une roue sur bateau attachée près de l'une de ses rives, pour donner le mouvement à l'un des équipages que l'on vient d'indiquer, parce qu'ils n'exigent que peu de force.

On peut aussi employer, dans ce cas, au lieu d'une roue sur bateau, un appareil fort ingénieux qui se plonge entièrement dans la rivière et qui, mû uniquement par la vitesse du courant, fait immédiatement élever l'eau au-dessus de la rivière ; cet appareil a été imaginé par M. Andrau, auteur de plusieurs autres inventions remarquables (rue Mogador, 2).

Il a fait devant nous, en 1843, à Paris, vis-à-vis la pompe à feu de Chaillot, une épreuve de cet appareil avec un entier succès, malgré la faible pente de la Seine.

Cet appareil se compose d'un entonnoir en tôle en forme de cône tronqué, d'environ 1 mètre 50 de diamètre à l'ouverture ; au centre de cet entonnoir est placée, vis-à-vis son petit diamètre, une hélice à trois palettes semblable à celles des bateaux à vapeur, mais petite et légère ; cette hélice, mue par le courant embouché dans l'entonnoir, où sa force augmente, met en mouvement une petite pompe qui fait monter l'eau en assez grande abondance.

Son premier appareil, qui n'avait qu'un mètre de diamètre à l'ouverture et dans lequel il n'avait mis d'abord qu'une plaque en fer-blanc à ailes obliques (au lieu d'une hélice qu'il y a substituée depuis avec avantage), a fait monter l'eau à plus de 6 mètres d'élévation dans un tuyau d'environ 2 centimètres de diamètre.

En n'élevant l'eau qu'à 3 ou 4 mètres, on aurait eu un volume beaucoup plus fort. Nous ne donnerons ni détail ni dessin de cet appareil, parce qu'il est la propriété de l'inventeur qui a pris brevet; mais nous avons jugé utile de le faire connaître, parce qu'il peut rendre de grands services à l'agriculture, sans nuire en rien au régime des rivières qu'il laisse entièrement libre.

Moyen d'élever des eaux sur son terrain sans ouvrages en rivière. — Quand le terrain à arroser est voisin d'une rivière et a lui-même assez de pente, on peut, même quand ce terrain est en partie plus élevé que la rivière, établir un mécanisme simple pour élever l'eau au niveau de la partie supérieure de ce terrain.

Pour faire comprendre ce moyen, supposons que la prairie ait une pente totale de 6 mètres, et que le canal de dérivation arrive au tiers de la pente de la prairie, c'est-à-dire à 2 mètres au-dessous de son sommet; à partir du point d'arrivée du canal de dérivation à la prairie, on creuse un canal à pente faible, en contre-bas de ce point. Sa profondeur dépend de la chute qu'on veut obtenir; nous supposerons qu'il est creusé d'un mètre; on continue ce canal vers le milieu de la pente, soit sur l'un des bords, soit à travers la prairie, suivant les facilités que présente le terrain. Ce canal ainsi creusé donne d'abord une chute d'un mètre, puis il peut servir à arroser directement, à partir de l'extrémité du canal, la moitié inférieure de la prairie dont la pente est de 3 mètres. On emploie la petite chute d'un mètre à élever une partie de l'eau au niveau du sommet de la prairie, au moyen d'une roue hydraulique dont nous donnerons la description, et l'on arrive ainsi à arroser la totalité du terrain, malgré l'élévation de la partie supérieure à 2 mètres au-dessus de la dérivation.

La figure 70 représente la roue hydraulique vue de côté et la chute d'un mètre qui la fait mouvoir.

Dans cette figure, la lettre D indique la roue motrice à godets qui doit être mise en mouvement par la petite chute obtenue; E le canal de dérivation par lequel l'eau arrive de la rivière à l'amont de la roue; F, l'eau à l'aval de la roue et à la sortie de son coursier.

Le mérite de cette disposition consiste à permettre d'établir le mécanisme destiné à élever l'eau au-dessus de la dérivation dans la propriété à arroser, sans aucun ouvrage en rivière et sans avoir besoin d'établir une conduite élevée entre la rivière et la prairie.

Comme on ne peut ordinairement disposer ainsi que d'une faible puissance, il importe que la roue soit établie dans les conditions nécessaires pour produire le plus grand effet utile possible, relativement à la chute et au volume d'eau : c'est pourquoi nous donnerons quelques détails sur les dispositions que nous croyons les meilleures pour atteindre ce but.

La forme de roues hydrauliques la plus propre à cet usage, est celle qui porte le nom d'un savant ingénieur, membre de l'Institut, M. Poncelet. Ces roues, bien qu'elles reçoivent l'eau par le bas, sont faites comme les roues dites à augets qui reçoivent l'eau par dessus; c'est-à-dire que leurs aubes sont fermées sur trois faces, et ouvertes seulement du côté de la circonférence extérieure de la roue, et elles tournent de précision, dans un coursier jointif, tant au-dessous que sur les deux faces latérales.

La figure 72 représente une roue de ce genre, dans laquelle on a supposé le revêtement latéral des aubes enlevé sur une partie de son développement pour faire connaître sa construction intérieure. On y voit que le fond du canal qui amène l'eau doit être creusé en plan incliné, tangent à la partie inférieure de la roue, et que la roue reçoit seulement sur ses aubes les plus basses l'eau qui passe sous une vanne plongeante et inclinée G G, descendue jusqu'aux quatre cinquièmes environ de la profondeur de l'eau près de la roue.

Cette eau, pressée par la charge d'eau supérieure, arrive avec rapidité contre les aubes inférieures E E. La différence de niveau entre la surface F du canal d'arrivée et celle du canal de fuite H, forme la chute que nous supposons ici être d'un mètre.

Cette roue pourrait être employée, comme force motrice, à faire mouvoir un mécanisme qui élèverait l'eau à la hauteur de la partie supérieure de la prairie ; mais quand cette hauteur est peu considérable, comme pour le cas présent (où elle est supposée de deux mètres), on peut se dispenser d'établir un mécanisme additionnel, qui absorbe toujours une partie de la force par ses résistances et ses frottements, et faire élever l'eau directement par la roue elle-même en la garnissant de godets disposés pour cet effet.

La partie supérieure de la prairie étant supposée de 2 mètres au-dessus de la surface de l'eau du canal de dérivation, et la chute étant de 1 mètre, il faut que l'eau soit élevée de 3 mètres au moins au-dessus du coursier ; mais pour que le versement des godets se fasse complétement, il faut que l'auge destinée à recevoir leur eau, soit située à 70 centimètres environ au-dessous du sommet de la roue; en conséquence, et eu égard à la pente de la conduite, il faut, dans cette hypothèse, donner 4 mètres de diamètre à la roue. Sa largeur et celle des godets dépendent du volume d'eau que fournit le canal de dérivation.

L'application de godets sur des roues à aubes planes et ouvertes, est facile et bien connue, elle n'est pas aussi facile sur une roue fermée et à aubes courbes; nous ne pensons pas qu'elle ait encore été faite, nous allons, en conséquence, la décrire; mais avant il convient de faire connaître le tracé des courbes des aubes dans les meilleures conditions d'effet utile.

Au point E de la circonférence extérieure de la roue, pris au niveau du dessous de la vanne plongeante, on élève une ligne perpendiculaire ou verticale E M; le point M où cette ligne rencontre la circonférence intérieure de la caisse circulaire qui enferme les aubes, est le centre de l'axe de cercle de l'aube E, que l'on trace de ce centre avec le rayon M E; on en prend le calibre exact, puis on trace les autres parallèles à la première et à égales distances. On fait ordinairement leur espacement des deux tiers environ de la longueur de l'aube, quand elles sont simplement destinées à produire une force motrice; mais pour le cas dont il s'agit, il faut, pour pouvoir établir les godets, augmenter ces espacements de moitié. On forme les godets en mettant en arrière de chaque aube une aube semblable et de même courbure O O au tiers de la distance qui la sépare de la suivante, en sorte que l'espace P, libre pour l'entrée des eaux P P, reste comme à l'ordinaire des deux tiers de la longueur de l'aube, comme on le voit dans la partie inférieure de la roue dont le revêtement est enlevé. Les cases ombrées représentent les godets, et les cases blanches les intervalles des aubes qui reçoivent l'eau motrice.

Si l'on faisait le godet complet, et de toute la largeur de la roue, il ne pourrait ni se remplir ni se vider assez promptement, et la roue pourrait être trop chargée; d'un autre côté si on limitait sa longueur, la roue serait plus chargée d'un côté que de l'autre. Pour obvier à ces deux inconvénients, on forme deux rangs de godets, l'un à droite et l'autre à gauche, comme on les voit dans le figure 74 qui représente l'intérieur d'une aube vue par derrière quand elle arrive au haut de la roue, et par la figure 73 qui indique la position d'une aube et de ses godets quand ils arrivent au bas de la roue : on y voit que les cloisons N, qui forment le derrière des godets, ne sont pas droites, mais inclinées, parce que ces inclinaisons servent à chasser l'eau renfermée dans le godet quand il arrive en haut de la roue dans la position de la figure 74. Les ouvertures de ces godets sont indiquées par la lettre R dans les figures 72, 73 et 74.

Pour que ces godets pussent se remplir d'eux-mêmes en passant dans le coursier, il faudrait que l'eau y soit élevée de 35 à 36 centimètres au-dessus du bas de la roue, ce qui la ferait baigner de cette quantité à l'aval, nuirait à la liberté de son mouvement et produirait de la résistance. Pour éviter cet inconvénient, le mieux est de faire remplir les godets par deux petits canaux dérivés du canal supérieur, qui passent l'un à droite et l'autre à gauche de la roue, et dont les extrémités arrivent vis-à-vis les embouchures des godets du côté d'aval.

Ces canaux sont indiqués par les lettres S dans la fig. 72 et dans la fig. 75, qui présentent la roue vue d'aval. On voit dans cette seconde figure que, pour que l'eau sortant de ces canaux ait une chasse suffisante pour remplir promptement les godets, on leur donne une profondeur d'environ 30 centimètres, et que leurs conduits de débouché T, du côté des aubes, sont placés au bas de ces canaux, contre leur fond, et un peu inclinés. Il résulte encore de cette disposition que la roue n'a à porter que la charge des godets compris entre les extrémités des petits canaux alimentaires et son sommet, tandis que, si les godets puisaient dans le coursier, la roue aurait à porter de plus, sans utilité aucune, la charge des godets compris entre le coursier et les petits canaux.

L'eau versée par les godets, quand ils arrivent au haut de la roue, est reçue par deux auges U U, fig. 72 et 75, placées des deux côtés de la roue; ces auges communiquent toutes deux avec le canal destiné à conduire ces eaux à la partie supérieure de la prairie.

Si la roue marchait trop vite pour que les godets eussent le temps de se remplir et de se vider, cela prouverait qu'il y aurait excès de force, et, alors, il faudrait diminuer l'eau au canal d'arrivée.

Cette roue ayant peu de fatigue, on peut la faire légère, et former la boîte circulaire d'encaissement des aubes, en volige de sapin, peinte à l'huile avant les assemblages. La tôle des aubes et celle des godets peut également être fort mince, 1 millimètre d'épaisseur suffit; mais, pour les empêcher de rouiller, il faut les peindre à l'huile après les avoir fait chauffer légèrement, ou bien les tremper dans de bon goudron minéral, comme le goudron du gaz, après les avoir fait chauffer au rouge brun, parce qu'alors le goudron se sèche et forme un vernis très-durable.

Pour les fixer, on cloue de chaque côté de leurs

bords, contre l'encaissement, de petits tasseaux auxquels on fait prendre, en les clouant, la courbure requise et tracée d'avance sur l'intérieur des planches du revêtement circulaire ; de cette manière, il est facile d'enlever ces aubes pour les changer ou les repeindre quand elles s'altèrent.

Quand on veut élever de l'eau à une plus grande hauteur, il faut augmenter le diamètre de la roue, ou bien, en la laissant de petit diamètre, la faire à aubes simples, sans godets, et l'employer à faire mouvoir, au moyen d'une manivelle ou d'un tambour placé sur le prolongement de son axe, une noria, ou un chapelet, ou enfin une pompe rurale, comme celle dont nous allons donner la description.

Pompes rurales. — Dans ce dernier cas, une pompe à piston métallique ne conviendrait pas, parce qu'elle s'altérerait promptement par les vases et les sables fins que l'eau de rivière entraîne souvent. Il vaut mieux employer pour ce service des pompes plus rustiques et plus économiques, à pistons de bois et de cuir.

Les pompes ordinaires en bois sont généralement mal faites, et fournissent peu d'eau. Nous allons décrire deux modèles de pompes simples et économiques, qui fonctionnent bien et donnent beaucoup d'eau.

Il y en a de carrées, dont le tube est formé simplement de quatre planches, bien rabotées, bien clouées, et maintenues par trois ou quatre frettes en bois ou en fer mince, qui l'enveloppent à différentes hauteurs ; le mieux est de les assembler à mi-bois ou à languettes, et de garnir les assemblages de peinture épaisse ou de bitume avant de les réunir, puis on peint ou on bitume toutes les faces extérieures. Les fig. 76 et 77 représentent cette pompe en coupe et en plan ; les fig. 78 et 79 représentent les détails du piston sur une plus grande échelle, en coupe et en plan.

Cette pompe a été inventée et appliquée en Amérique par M. de Valcourt, très-bon agriculteur, auquel on doit de nombreux perfectionnements dans les instruments et les procédés de culture. (Elle est décrite et gravée dans un ouvrage fort intéressant qu'il a publié, et qui est intitulé : *Mémoire sur l'agriculture, sur les instruments aratoires, et sur l'économie rurale.*) Elle a le mérite de coûter peu, de fournir beaucoup, et l'avantage rare et spécial de ne rien craindre des ordures, des vases ni du sable.

Deux de ces pompes sont employées, depuis plusieurs années, à la ferme de Grignon, l'une à élever les urines recueillies des écuries et les jus de fumier ; l'autre à la féculerie. Toutes deux mar-

chent très-bien ; elles n'ont besoin d'être réparées
que très-rarement.

Le piston de cette pompe se compose d'un morceau de bois carré à la base, de même calibre que
l'intérieur du tube en planches ; cette base est dé-
coupée au pourtour en cannelures verticales. On
voit, dans la fig. 72, le plan de cette pièce isolée,
désignée par la lettre V ; dans la fig. 76, où elle est
vue latéralement, et dans la fig. 78, où elle est vue
en situation dans le tube. Ses huit cannelures sont
destinées au passage de l'eau quand le piston descend ; cette pièce touchant les parois en planche
du tube, par deux languettes X sur chaque côté,
est destinée principalement à maintenir la rectitude du mouvement parallèlement à l'axe de
la pompe. Cette même pièce de bois porte à son
sommet une petite pyramide en bois, tronquée et
renversée, qui est taillée dans la même pièce, et
qui est indiquée par la lettre Y dans les fig. 78 et
79 ; elle sert à attacher le cuir fort Z, qui est également en pyramide renversée ; ses bords supérieurs frottent contre les parois du tube quand le
piston monte, parce que l'eau qui est au-dessus les
y fait appuyer exactement par son poids ; quand le
piston redescend, les faces de ce cuir, comprimées
latéralement de bas en haut par l'eau qui passe
entre les cannelures de la pièce inférieure, se re-

ploient en se recourbant sur elles-mêmes par leur flexibilité, et laissent passer au-dessus l'eau que doit élever l'ascension suivante du piston. La tige d'ascension, qui est en fer, traverse la pyramide et la pièce de bois cannelée, et est arrêtée par un écrou fixé au-dessous ; le haut de cette tige passe dans une traverse placée au haut de la pompe, pour la maintenir dans la direction de l'axe du tube ; elle est mise en mouvement par deux branches en fer A A qui l'embrassent, et qui sont fixées à la partie inférieure B, de la tige verticale par un boulon qui la traverse ; ces deux bielles se rattachent, hors du tube de la pompe, au levier par lequel on la fait mouvoir ; en sorte que les inclinaisons que ces branches prennent, par suite de l'oscillation de leur point d'attache au balancier moteur, n'affectent en rien la direction de la tige droite, qui monte toujours verticalement, ce qui est essentiel pour que les bords du gobelet en cuir touchent toujours les parois du tube.

Pour que ce piston marche bien, il faut que les angles du gobelet en cuir suivent toujours exactement les angles du tube carré de la pompe ; cette disposition est assurée et maintenue par la pièce de bois inférieure et cannelée V, fig. 76, 78 et 79, laquelle, touchant les quatre côtés du tube par ses huit languettes, ne permet ni déviation ni torsion.

Le mérite spécial de cette pompe est de ne pas exiger, dans sa construction , la précision qu'exigent les pompes ordinaires, lesquelles coûtent toujours cher et s'altèrent facilement.

Il importe que le piston descende assez pour que les bords supérieurs du godet en cuir se trouvent, de quelques centimètres, en contre-bas de la surface de l'eau dans un puisard établi au fond du réservoir, pour ne pas être obligé de verser de l'eau dans le tube pour amorcer quand on veut pomper.

Le clapet est simplement une planchette carrée, garnie en dessous d'un cuir gras cloué, et qui, dépassant d'un côté, fait charnière ; les appuis de la soupape et l'attache de la charnière sont formés par une caissette en planches, entrant exactement dans le bas du tube et qui y est fixée par de bons clous ; on donne à cette soupape le poids nécessaire pour la faire retomber en place, au moyen d'un morceau de plomb ou de fonte, en forme de coin, attaché sur sa surface supérieure.

Il vaut mieux faire cette soupape de deux pièces que d'une seule, parce qu'elles n'ont à faire que la moitié du mouvement, et qu'elles s'ouvrent et se ferment plus facilement et plus vite. On établit alors une cloison ou une traverse au milieu de la caissette d'appui, pour recevoir les deux soupapes, comme on le voit indiqué dans les fig. 76 et 77, par les lettres CC.

Il faut avoir soin que le piston ne puisse jamais descendre jusque sur les soupapes.

Une grille D, placée au bas du tube, empêche de passer les grosses ordures, telles que les herbes et pailles ; ces objets seraient facilement soulevés et entraînés par le piston, sans nuire à son mouvement, mais ils pourraient empêcher la fermeture des soupapes s'ils s'arrêtaient à leur passage.

La largeur du tube dépend de la hauteur à laquelle on veut élever l'eau. En supposant la pompe mue par deux hommes, pour élever l'eau à 1 mètre, le piston doit avoir 35 centimètres de côté, et la pompe donne 600 litres par minute ; pour 2 mètres, le piston ne doit avoir que 24 centimètres de côté, et il donne alors de 250 à 300 litres à la minute ; à 3 mètres, le piston doit avoir de 15 à 16 centimètres, et donne de 170 à 200 litres.

En faisant mouvoir cette pompe par un mécanisme, on obtiendrait des résultats plus considérables.

On peut avoir des pompes du même genre plus légères et portatives, quand on ne veut élever l'eau que temporairement et changer de place à volonté, comme, par exemple, pour des arrosages partiels ou pour des épuisements, en faisant les

tubes cylindriques et en fer-blanc. M. Korn-Probst,
ingénieur des ponts et chaussées, en a fait exécuter et en a employé plusieurs de ce genre aux épuisements du pont de Quingey avec beaucoup d'a-
vantage. Elles sont établies sur le même principe
que celle de M. de Valcourt ; seulement, elles sont
plus légères.

Chaque pompe, mue par deux hommes, a 4 mètres de longueur et 10 centimètres de diamètre.
La tige qui porte le piston est en bois, et porte en
haut une traverse en forme de large béquille qui
y est attachée solidement ; au bas de cette tige est
fixé un cône tronqué et renversé, en bois, indiqué
par la lettre G dans la fig. 81, qui représente la
coupe du piston, et dans la fig. 82, qui le représente en plan vu par dessus ; sur ce cône est cloué
un cuir fort, conique ou en forme de gobelet éva-
sé E. Les pistons des pompes de Quingey n'avaient
pas de base cannelée directrice ; cependant, nous
pensons qu'il est bon d'en mettre une ; elle doit
alors avoir la forme indiquée par la lettre L, dans
les fig. 82 et 83.

Le clapet, double comme aux pompes carrées,
est supporté par un cylindre creux en bois F, fig.
79 et 80, attaché solidement dans le bas du tube,
et portant une traverse G au milieu, pour l'appui
des bords des deux soupapes H, dont chacune

forme un demi-cercle, et qui toutes deux ont des charnières en cuir gras, clouées sur le cylindre creux F, et un poids supérieur en forme de coin. On élargit la base du tube vis-à-vis les clapets, pour le logement du cylindre en bois qui les supporte, afin que le vide intérieur de ce cylindre soit de 10 centimètres, comme le tube.

Une boîte en fer-blanc, percée de trous, est fixée au bas du tube, et est fermée par dessous par un tampon en bois K, que l'on enlève quand on veut vider les graviers ou les ordures qui peuvent s'accumuler dans la boîte.

Avec cette pompe, qui coûte 18 francs, deux hommes, travaillant 12 heures, en quatre reprises de 3 heures, élèvent 140 mètres cubes d'eau à 3 mètres de hauteur : la pompe ayant 4 mètres de longueur et étant inclinée d'un mètre.

APPENDICE.

Terrains tourbeux. — Dans la seconde section de ce traité, j'ai proposé d'améliorer les terrains tourbeux en y semant de la chaux vive, après le premier labour et un hersage, afin de neutraliser l'acidité naturelle de ces sortes de terrains. Ce procédé est très-bon, mais souvent le haut prix de la chaux rend cette application trop dispendieuse, alors on peut y suppléer, en brûlant sur place par tas, disséminés comme pour l'écobuage, la tourbe même du champ, préalablement desséchée en fragments, et en répandant également les cendres obtenues qui bonifient le terrain par leur nature alcaline et par les terres calcinées qui s'y trouvent mêlées.

Limonages. — Lorsqu'on veut limoner par déversement des parties de prairies en pentes fortes, un écoulement abondant et continu ferait descendre tout le limon dans les parties inférieures ; pour éviter cet inconvénient il faut donner peu d'eau et scinder les déversements.

On ne laisse couler l'eau limoneuse qu'un quart d'heure ou vingt minutes, et on suspend le déversement assez de temps pour que le limon attaché aux herbes se consolide un peu ; ensuite on remet l'eau, mais en moindre quantité pour qu'elle coule lentement. Cette seconde eau détrempe le limon, le fait descendre au pied des berbes et l'y fixe : on renouvelle ces deux opérations successivement, tant que l'on a des eaux limoneuses, à des intervalles suffisants pour que le limon déjà déposé soit consolidé.

Gelées du printemps. — Quand il survient au printemps des gelées tardives de nuit, les prairies étant déjà en végétation, il arrive souvent, quand le ciel est serein, que le soleil du matin produit sur les herbes tendres une action nuisible que l'on nomme brûlure.

Cet effet résulte probablement de ce que le froid arrêtant le mouvement de la sève dans les tiges et dans les feuilles et la refoulant au pied, les sommets des herbes privés de sève sont facilement desséchés par la chaleur du soleil.

Une seconde cause qui peut s'ajouter à la première est la concentration des rayons par les gouttelettes que produit la fonte de la gelée blanche, lesquelles agissent alors comme des lentilles de verre (ainsi qu'il arrive quand le soleil frappe sur des gouttes d'eau lenticulaires logées dans l'inté-rieur des fleurs dont elles font brûler les or-ganes).

On remédie à ces effets fâcheux en arrosant les prairies deux ou trois heures avant le lever du soleil, l'eau faisant dégeler le pied des herbes ranime l'action de la végétation, et, en faisant remonter la sève, elle donne aux plantes la force de résister à l'action des rayons solaires.— Quand on a assez d'eau, on peut sans inconvénient et même avec avantage arroser toute la nuit.

Ces deux derniers procédés m'ont été indiqués par mon ami, M. Briaune, qui a fait dans sa pro-priété du prieuré de Narbonne près Écueillé (Indre) des irrigations bien entendues, et des améliorations agronomiques remarquables par leurs résultats et surtout par l'économie des moyens d'exécution.

Irrigation avec les eaux pluviales. — J'ai cité, page 157 de la troisième section, en parlant de l'arrosage des terrains en friche, un exemple re-marquable d'un terrain inculte converti par M. Hauducœur en bonne prairie au moyen des eaux pluviales qui descendaient du plateau supé-rieur par deux ravins latéraux (1). Je puis y joindre

(1) M. Hauducœur a vendu récemment 20,000 fr. ce ter-rain qu'il avait acheté 8,000 fr., il y avait dépensé 2,000 fr.

un second exemple récent, c'est celui d'un terrain en friche et en pente forte, faisant partie de la ferme de la Grange aux Moines, qui appartient à madame de Murinais, sur la commune de Beauregard, à une lieue au sud d'Orsay et que je viens de visiter. Cette ferme est exploitée par M. Bélan, neveu de M. Hauducœur, qui, déterminé par l'exemple de son oncle et dirigé par ses conseils, a utilisé, il y a environ un an, les eaux abondantes qui lors des pluies descendent de la plaine supérieure dans une petite gorge dont le terrain en friche forme le flanc sud (le flanc nord étant boisé).

Ces eaux s'écoulaient au fond de la gorge par un ravin, arrêtées à l'origine de ce ravin et dirigées dans trois grandes rigoles horizontales qui coupent transversalement la pente de la friche à différentes hauteurs; elles servent maintenant à l'arroser. Depuis cette application, cette friche de douze hectares, presque sans produit et qui ne donnait qu'une très-maigre pâture aux moutons, a donné douze mille bottes de bon foin, de 5 à 6 kilog. chacune. Cependant cette irrigation ne se faisant que par trois rigoles principales fort éloignées les unes des autres, est encore incomplète, et la récolte de ce terrain augmentera certainement encore lorsqu'on aura établi des rigoles

intermédiaires à déversements réguliers et lorsque le terrain aura été enrichi par la continuation
de l'arrosage.

Je puis encore citer M. Pasquier, très-bon cultivateur, voisin et collègue de M. Hauducœur, qui,
à son exemple, a commencé et poursuit avec succès l'établissement d'irrigations au moyen des eaux
pluviales.

Résultat d'une première irrigation. — J'ai parlé
dans ce Mémoire d'un terrain de 4 hectares en
prairie que j'ai limoné et irrigué depuis un an
seulement d'après mes principes. — Je puis aujourd'hui faire connaître le premier résultat ob-
tenu. Cette prairie donnait au fermier qui en jouis-
sait avant moi de 12 à 15 mille kilog. de foin, en
première coupe et en regain. J'ai récolté cette
année 15,000 kilog. en première coupe et 6,000
kilog. de regain.

———

**Aperçu de ce qu'il y aurait à faire pour assurer à la France
tous les bienfaits des irrigations**

Ce qu'il y a de plus nécessaire et de plus important à faire maintenant pour déterminer l'application générale des irrigations de toute nature,
c'est, premièrement, de rédiger et de proposer

une loi spéciale et des règlements administratifs qui déterminent avec précision les conditions de prise d'eau sur les courants naturels, de manière à utiliser toutes les eaux qui ne sont pas nécessaires pour la navigation et pour les usines existantes, et à prévenir les discussions entre les riverains et les usines, secondement, d'encourager et de favoriser le plus possible l'emploi des eaux pluviales en irrigations, parce que, outre leur immense utilité spéciale pour l'accroissement des récoltes de toute nature et pour la mise en valeur d'une multitude de terrains en friche ou improductifs, elles auraient l'avantage précieux de ne rien prendre aux courants d'eau existants, et le mérite de diminuer d'abord et par suite de prévenir entièrement les débordements des ruisseaux et des rivières et troisièmement d'établir des écoles spéciales pour former de bons irrigateurs praticiens.

L'établissement de rigoles horizontales sur les terrains en pente pour y retenir les eaux pluviales n'a pas besoin d'autorisation, mais ce moyen de retenues partielles par des rigoles serait souvent insuffisant et ne remplirait le but proposé qu'imparfaitement. Pour le remplir complétement, il faut autoriser l'établissement de réservoirs assez nombreux et suffisants pour retenir et conserver temporairement, dans les gorges et dans les petits vallons affluents aux grands bassins, les eaux surabondantes des pluies, c'est-à-dire les eaux qui ne peuvent être absorbées par le sol, ou conservées par les rigoles horizontales. Il faut donc que l'exécution de ces réservoirs soit rendue facile par des dispositions législatives et administratives ; il faut de plus qu'ils soient recommandés par les autorités départementales et qu'ils soient encouragés par des primes accordées par le gouvernement et par les départements à ceux qui en donneront les premiers exemples dans chaque contrée.

C'est aux administrations supérieures, c'est surtout au ministère de l'agriculture qu'il appartient de préparer et de présenter au gouvernement et aux chambres des projets de lois spéciales, et d'établir les règlements nécessaires pour assurer et faciliter les applications de ces lois, sauf à faire préalablement une épreuve dans une contrée déterminée pour constater la possibilité de réalisation de ce système d'aménagement des eaux et les résultats que l'on doit en attendre.

Le ministre qui rendra ce grand service à l'agriculture, honorera son nom et son ministère, et il acquerra des droits incontestables à la reconnaissance du pays, parce qu'il assurera le bien-être des populations agricoles et ouvrières, et qu'il augmentera de beaucoup la richesse et la puissance de l'état.

Pour prouver les avantages de ces mesures pour la classe ouvrière, il suffit de citer la phrase suivante du discours de M. Cunin-Gridaine au dernier concours de Poissy :

« Une réduction dans le prix des denrées ali-
« mentaires équivaudrait à une augmentation de
« salaire pour la classe ouvrière. »

Pour réduire le prix de ces denrées il faut en augmenter la production à peu de frais et réduire les chances de perte occasionnée par les débordements des rivières. Or le meilleur moyen de remplir ce double but est assurément la retenue des eaux pluviales, et leur emploi en irrigations au moyen des rigoles horizontales et des réservoirs établis dans les gorges et dans les vallons.

Élévation des eaux.—Quand on a besoin d'élever des eaux d'une assez grande profondeur, par exemple de 12 à 15 mètres, le mieux est d'employer des pompes unies par de petits moulins à vent du système de M. Durand qui en a déjà construit un grand nombre, pour divers usages ; l'équipage complet coûte à Paris (rue de l'Abbaye Saint-Germain, n° 10) de 16 à 1700 francs.

Cet habile mécanicien emploie aussi des pompes carrées en bois garnies intérieurement en zinc, et

munies d'un piston à quatre soupapes très-simple
et qui donne beaucoup d'eau.

Quand on n'a à élever l'eau que de 3 à 6 mètres,
le mieux est d'employer un manége à un cheval
avec une pompe rurale en bois, ou une noria rus-
tique.

ERRATA.

Page 56, lignes 14 et 26, au lieu de *HH*, il faut mettre *GG*.

Page 57, dernière ligne, au lieu de *verticales*, lisez *horizontales*.

Page 96, ligne 18, au lieu de *à la fig.* 29 *et de*, lisez *et la
fig.* 30.

Page 103, ligne 12, au lieu de *I* mettez *J*.

Page 106, ligne 17, au lieu de 50 *mètres*, lisez 20 *mètres*.

Page 158, lignes 8 et 13, au lieu de *fig.* 64, lisez *fig.* 66.

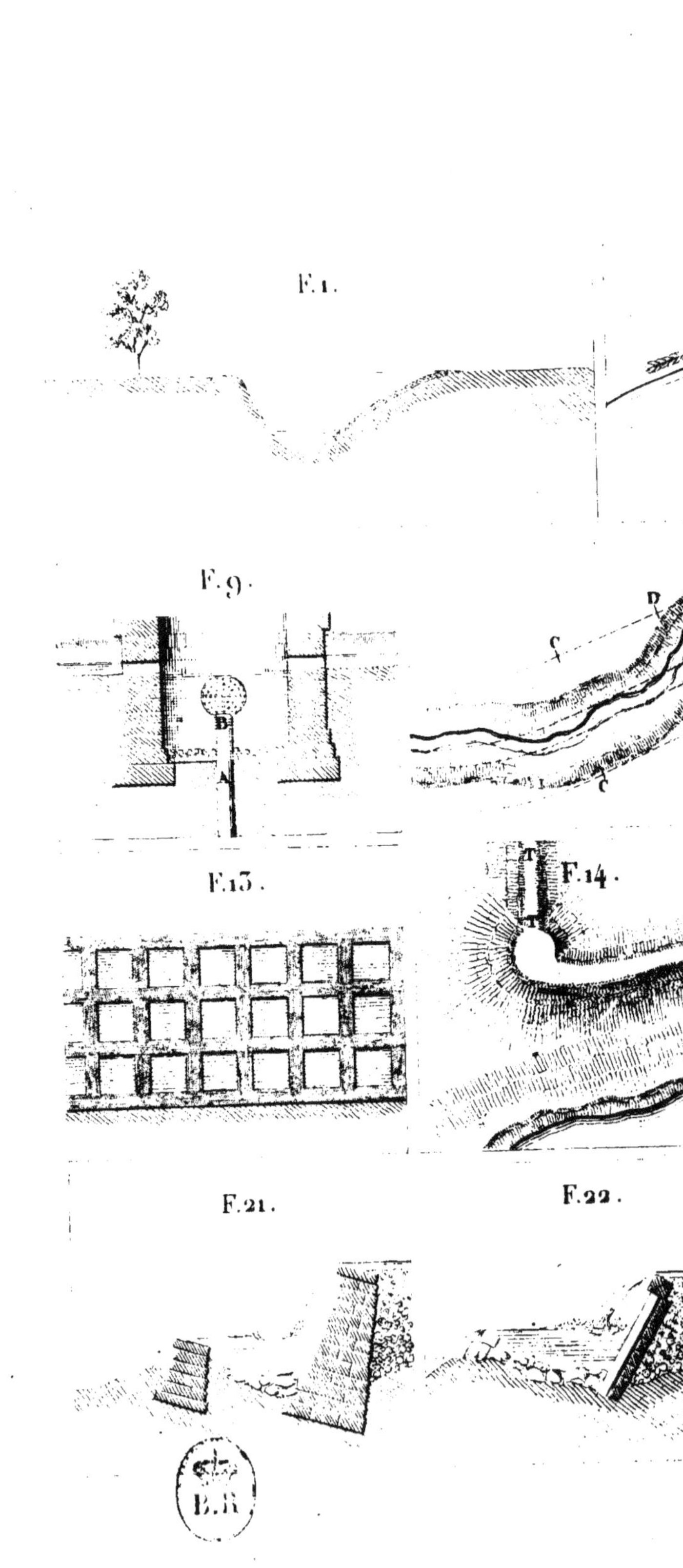

F.1.
F.9.
F.13.
F.14.
F.21.
F.22.
C
D
D
C
B
A

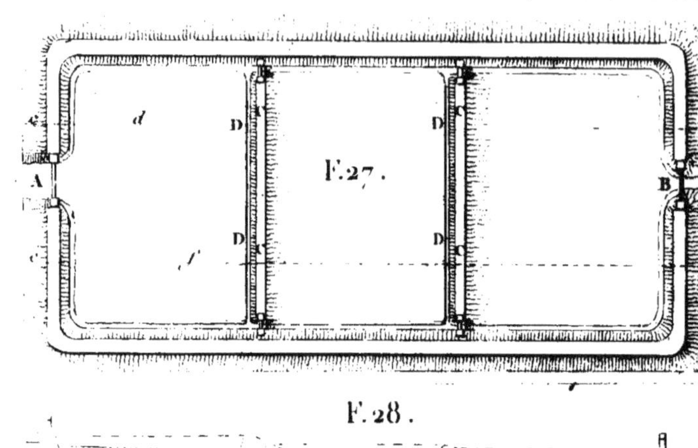

F. 27.

F. 28.

F. 29.   F. 30.

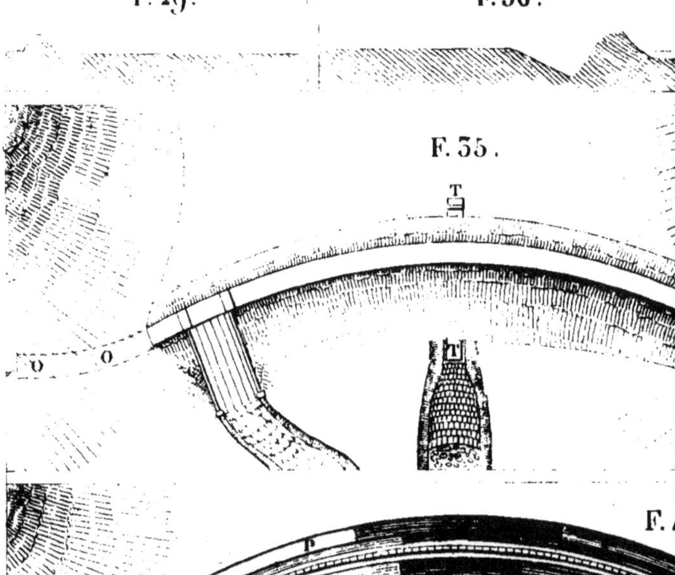

F. 35.

F. 4

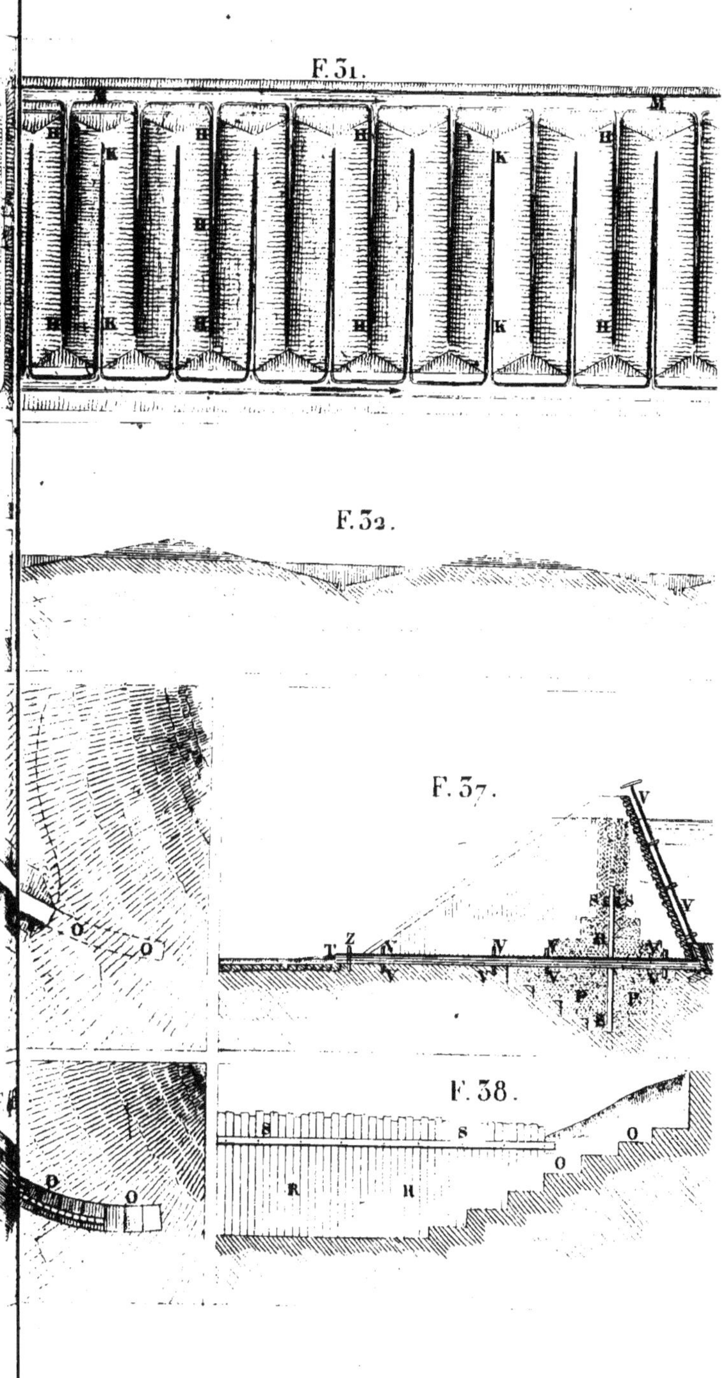

F. 31.

F. 32.

F. 37.

F. 38.

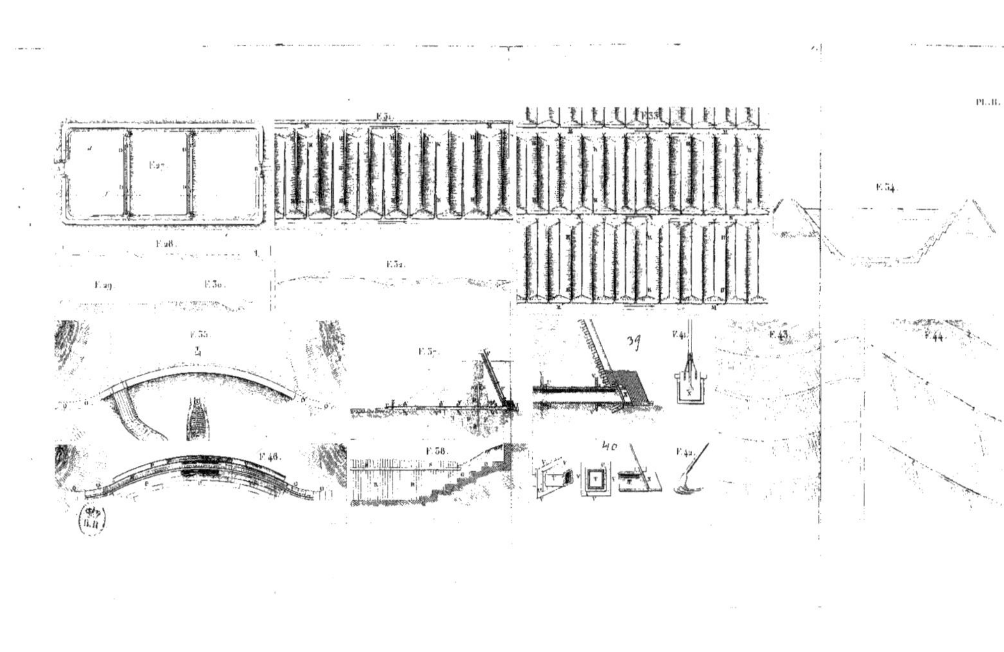

Pl. II.
F.27.
F.28.
F.29.
F.30.
F.31.
F.32.
F.33.
F.34.
F.35.
F.37.
F.38.
F.39.
F.40.
F.41.
F.42.
F.43.
F.44.
F.45.
F.46.

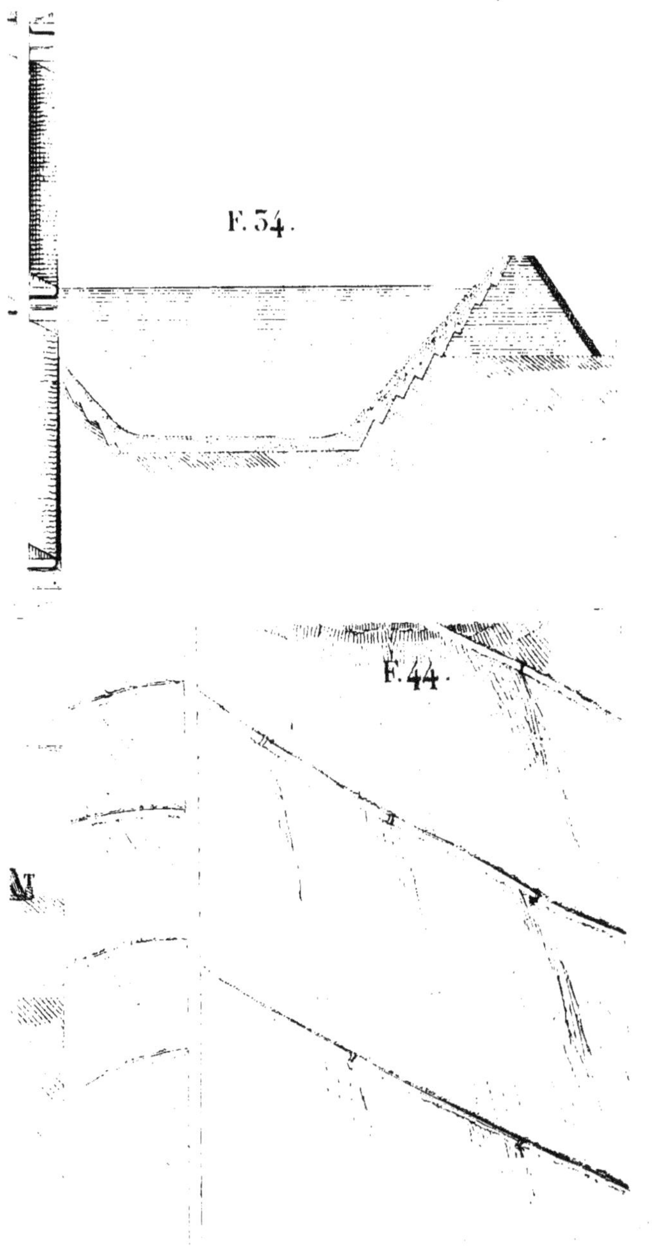
F. 34.
F. 44.

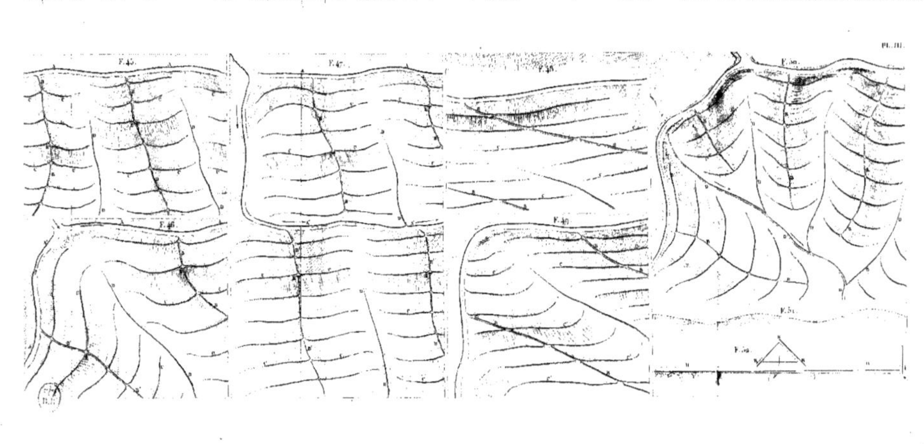

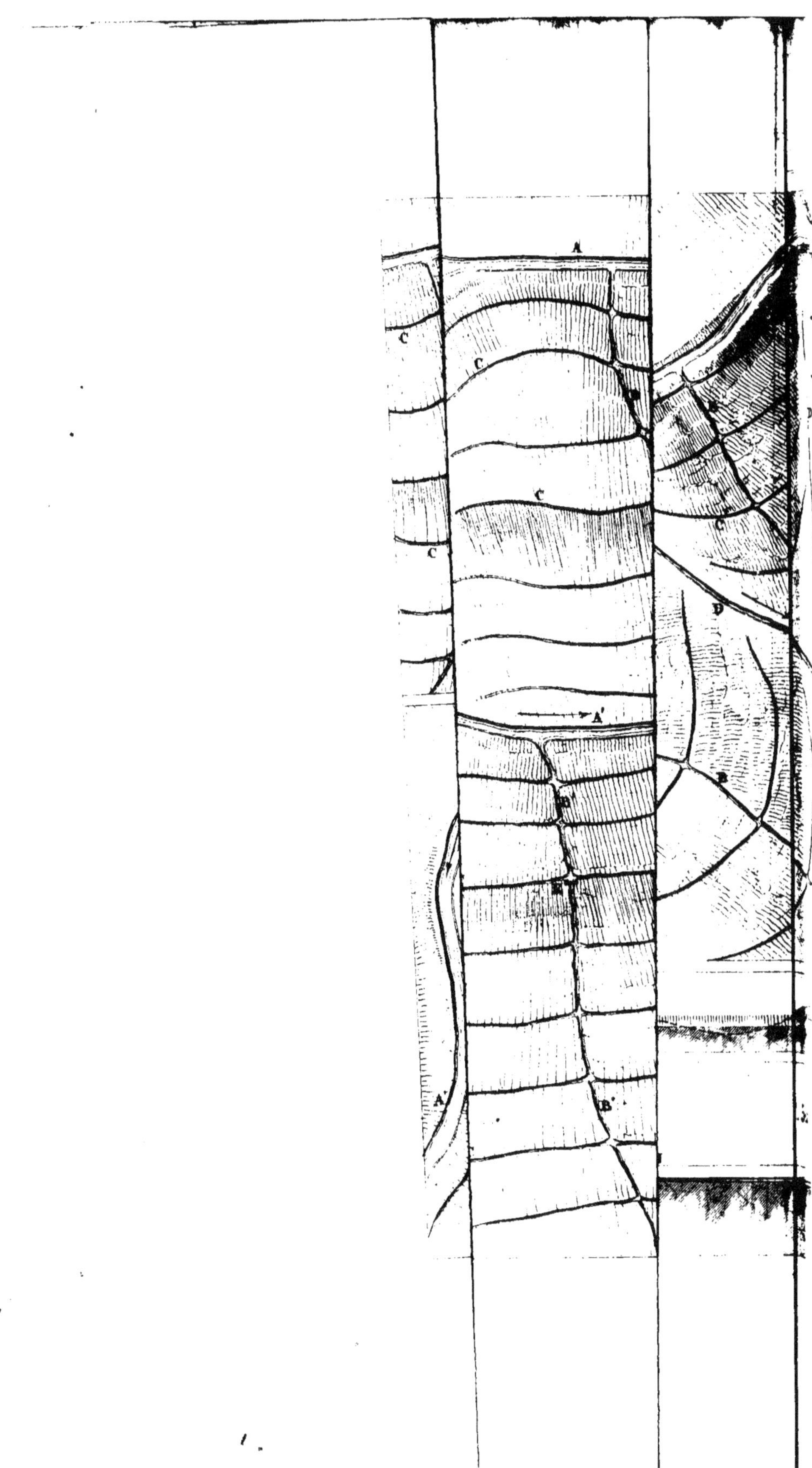
A
C
C
C
C
c
A'
A'
B'

PL.III.
F.50. 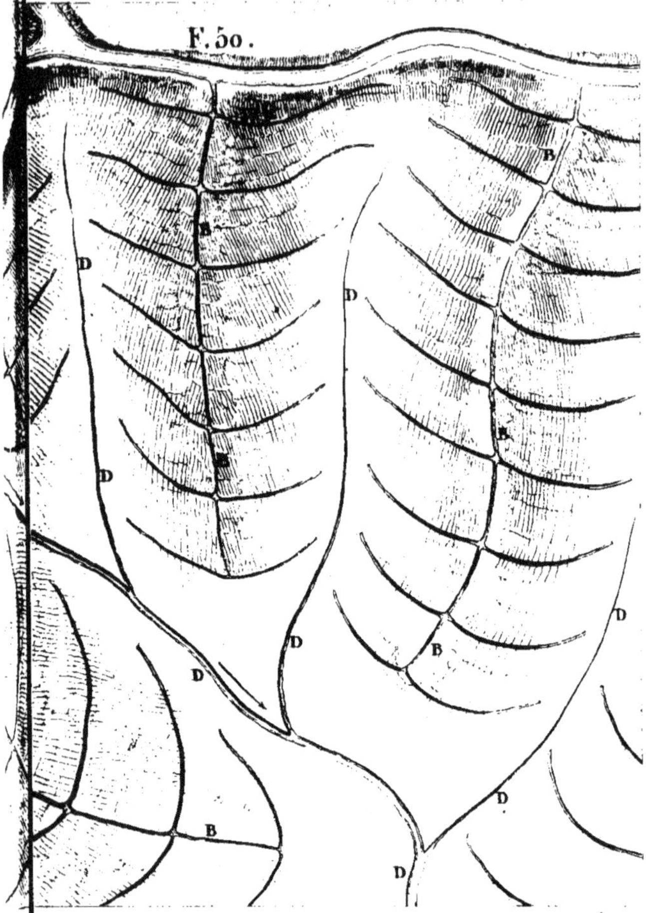
B
B
B
B
B
D
D
D
D
D
D
D
D
D
D
F.51.
52.
K
K
K
H

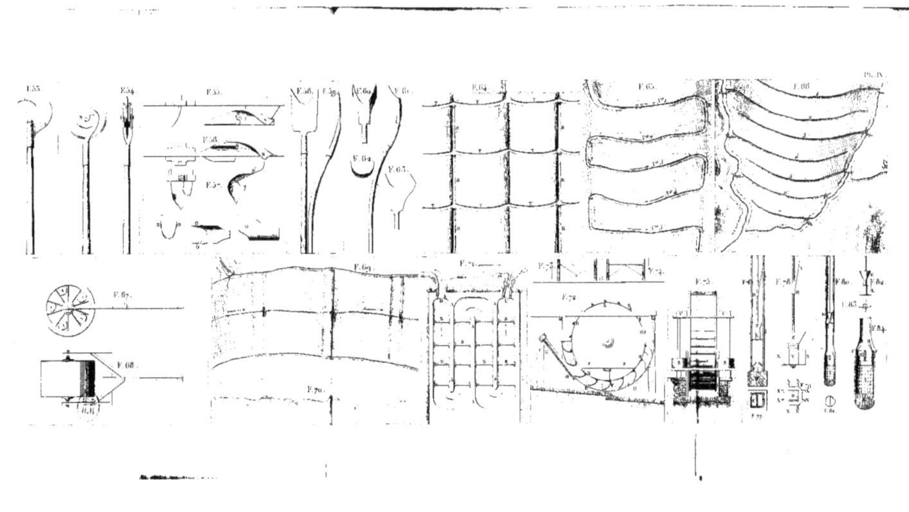
Pl. IV.

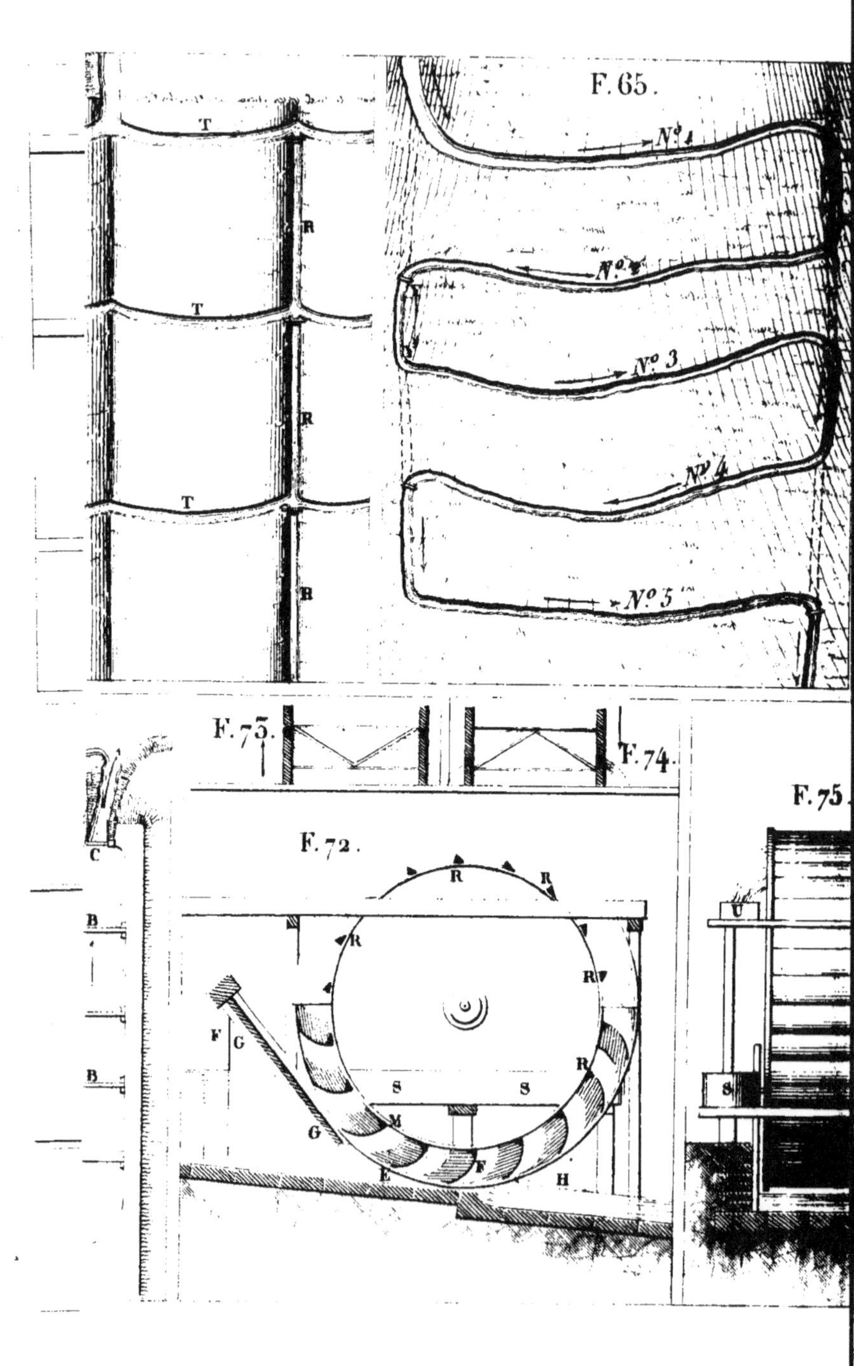

F. 65.
Nº 1
Nº 2
Nº 3
Nº 4
Nº 5
T
T
T
R
R
B
F. 73.
F. 74.
F. 75.
F. 72.
R
R
R
R
R
R
S
S
C
B
B
F
G
G
M
E
F
H
U
S

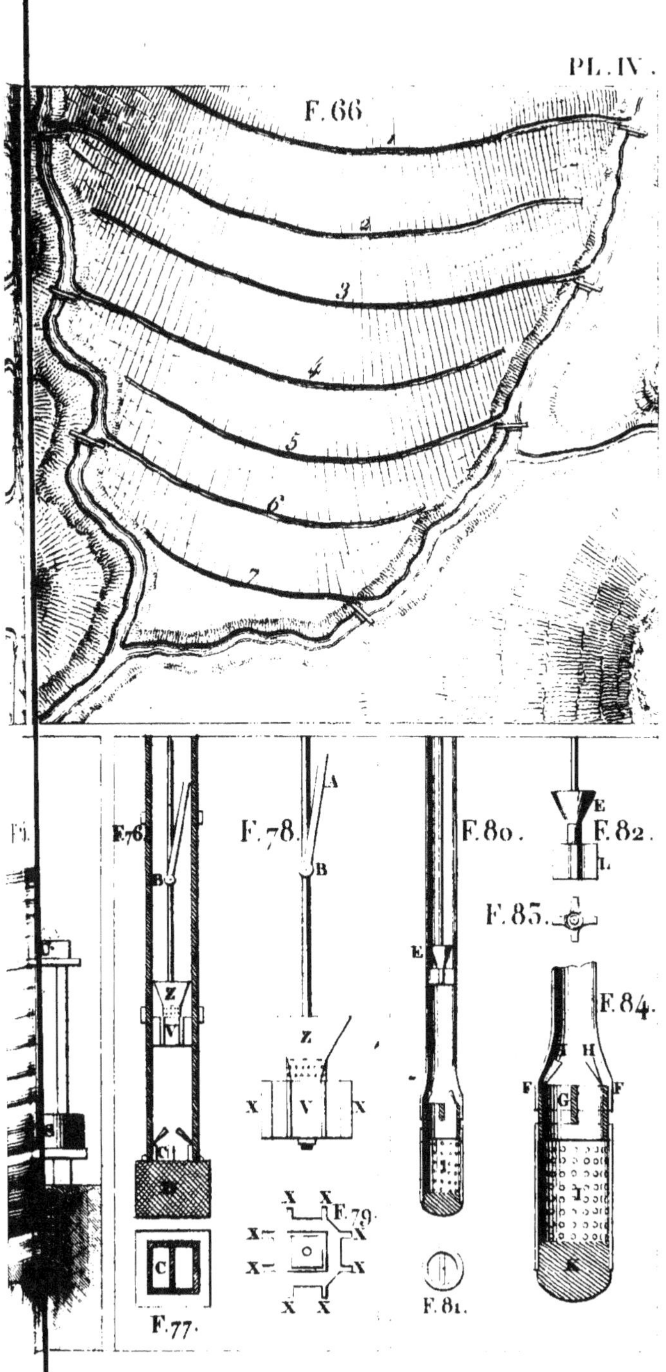

PL. IV.
F. 66
1
2
3
4
5
6
7
F. 76.
F. 78.
F. 80.
F. 82.
E
L
A
B
B
Z
V
Z
E
X V X
X X
X F. 79.
X X
X X
X X
F. 81.
F. 85.
F. 84.
H
F F
G
F. 77.
C